"笨办法"学

学 Python 3

进阶篇

Learn
MORE
PYTHON 3
the **HARD WAY**

The Next Step for
New Python Programmers

[美] 泽德·A. 肖（Zed A. Shaw） 著

王巍巍 译

人民邮电出版社

北 京

图书在版编目（CIP）数据

"笨办法"学Python 3. 进阶篇 / （美）泽德·A. 肖
(Zed A. Shaw) 著 ；王巍巍译. -- 北京 ：人民邮电出
版社，2020.6
书名原文：Learn More Python 3 The Hard Way:
The Next Step For New Python Programmers
ISBN 978-7-115-50539-2

Ⅰ. ①笨… Ⅱ. ①泽… ②王… Ⅲ. ①软件工具—程
序设计 Ⅳ. ①TP311.561

中国版本图书馆CIP数据核字(2019)第002222号

内 容 提 要

本书是《"笨办法"学Python 3》一书的进阶篇，《"笨办法"学Python 3》介绍了用Python 3编程的基础知识，而本书则通过52个精心设计的习题帮助读者超越基础，提升水平。这52个习题大部分都结合实际演示，并配有附加挑战，每个习题都可以帮读者掌握一项关键的实践技能，包括使用文本编辑器管理复杂的项目、利用功能强大的数据结构、应用算法处理数据结构、掌握必要的文本分析和处理技术、使用SQL有效且合逻辑地建模存储数据，以及学习强大的命令行工具等。本书旨在帮助读者从单纯地编写能运行的代码跨越到编写能解决实际问题的高质量Python代码，成为一名高阶的Python程序员。

本书适合所有已经开始使用Python的技术人员，包括初级开发人员和已经升级到Python 3.6版本以上的经验丰富的Python程序员。

- ◆ 著　　　　[美] 泽德·A. 肖（Zed A. Shaw）
　　译　　　　王巍巍
　　责任编辑　杨海玲
　　责任印制　王　郁　焦志炜
- ◆ 人民邮电出版社出版发行　　北京市丰台区成寿寺路 11 号
　　邮编　100164　　电子邮件　315@ptpress.com.cn
　　网址　https://www.ptpress.com.cn
　　固安县铭成印刷有限公司印刷
- ◆ 开本：800×1000　1/16
　　印张：13.75　　　　　　　　2020 年 6 月第 1 版
　　字数：304 千字　　　　　　2025 年 3 月河北第 15 次印刷
　　著作权合同登记号　图字：01-2017-8635 号

定价：59.00 元
读者服务热线：**(010) 81055410**　印装质量热线：**(010) 81055316**
反盗版热线：**(010) 81055315**

版权声明

译者序

说实话，这年头编程书籍的用处越来越小了，因为几乎所有的东西网上都有。如果你想学习一种编程语言，你可以去查看它的官方文档；如果你有疑问，你可以去网上搜索答案或者直接提问；如果你想看范例，网上同样是一找一大堆。那种只掌握在少数人手里，需要口授心传的知识，至少在编程界，可以说已经基本不存在了。

不过，编程高手之所以是高手，不仅是因为他们掌握了更多的编程知识，更是因为他们拥有更丰富的经验，这些无形的经验能让他们更容易地发现自己的错误，更快地找出解决问题的思路，更高效地完成自己的任务。要学习这样的经验，你可以去学习高手的经验之谈，也可以跟着高手做个"学徒"。

高手的经验之谈成书的甚少，网上的文章也不多，能跟着高手练习的机会更是可遇而不可求。这就是本书诞生的原因。尽管本书的书名是让你"学 Python"，但它教给你的远远不止进阶 Python，而是一整套编程的方法论。它让你学会怎样像高手一样工作。

译者简介

王巍巍是一名受软件和编程的吸引，中途转行上岗的软件从业人员。写代码和翻译是他的两大爱好，此外他还喜欢在网上撰写和翻译一些"不着边际"的话题和文章。如果读者对书中的内容有疑问，或者发现了书中的错误，再或者只是想随便聊聊，请通过电子邮件（wangweiwei@outlook.com）与他联系。

前言

流程、创新和质量——边读这本书，边把这 3 个词烙印在你的头脑中。本书包含众多习题，会教你程序员必备的重要知识，但你从本书里重点学到的，就是流程、创新和质量这 3 种实践知识。我写这本编程书的目的，就是教你这 3 个重要的编程"常量"。离开了流程，你将会在长期项目的开始和进行中磕磕绊绊；离开了创新，你将无法在日常工作中找到解决问题的思路；离开了质量，你将无从得知自己的产出是好是坏。

教你这 3 个概念并不难，我可以写 3 篇博客丢给你，告诉你："看好了！知道我说的是什么意思了吧？"但这样明显不够，看完了文章，你的编程水平也不会更上一层楼，因为 3 篇博客是没法撑起你十几二十年的职业生涯的。了解流程不代表你真正会应用流程，读一篇讲创新的文章不会让你在写代码时找到创新的途径。要真正弄懂这些复杂的课题，你需要自己内化和吸收，最好的方法就是把它们应用到简单的项目中。

在解答书中习题的过程中，我会告诉你当前正在锻炼的是 3 个关键点中的哪一个。这一点和我写的其他书不一样，在其他书中我都是尽量潜移默化地教你东西。这次之所以要明确指出来，目的是让你加深印象，从而在做题的过程中进行有针对性的训练，然后你要评判一下自己应用的好坏，以及下次该如何自我改进。本书的关键点之一就是让你能客观地评价并且提高自己，而最好的实现方式就是在做题的过程中集中精力，每次专注一样技巧或实践。

除了流程、创新和质量，你还会学到现代程序员必备的几个重要技能。也许将来它们会发生变化，但它们数十年来一直都很重要，因此除非发生革命性技术变化，否则它们依然是有价值的。就连本书第六部分讲的 SQL 也依然是有价值的，因为它们会教你如何将数据结构化，以防止数据日后变得逻辑错乱而无法收拾。你的学习目标还包括下面这些。

1. 起步：通过快速编程，你将学到如何开始一个项目。

2. 数据结构：书中不会教你每一个数据结构，但会为你开个好头，以便你日后更完整地学习它们。

3. 算法：离开了对应的算法，数据结构就毫无用处。

4. 文本解析：计算机科学的基础是解析，学会了解析，你就能更快地上手学习新的流行编程语言了。

5. 数据建模：书中会用 SQL 教你对以基础的逻辑方式存储的数据进行建模。

6. Unix 工具：因为本书用了命令行工具作为练习项目，所以你将从中学会进阶的 Unix 命令行工具。

在本书的每一部分，你将精力集中在一两个重点实践上；到最后的第七部分，你创建一个简单的网站时，会用上所有的重点实践。当然，你实现的项目都谈不上"精致"，拿着你学到的这些知识也不足以去进行技术创业，但这些小项目会让你学会 Django 语言。

服务个人

很多书会在团队的设定下教你流程、创新和质量这 3 个概念。在教你流程的时候，它们会教你怎样与别人协作维护代码。在教你创新的时候，它们会教你怎样进行团队讨论和向客户提问。遗憾的是，这些"专业"书籍都不太把质量当回事。这也没什么不好的，但对大部分初学者来说，这类团队风格的书会有以下两个问题。

1. 你没有团队，所以没法学以致用。团队方向的书籍针对的读者是那些已经有工作的初级程序员，他们要学习的是怎样与团队协同工作。在你找到这样的工作之前，团队方向的书对你是没什么用的。

2. 你自己的流程、创新和质量方面一团糟，学习团队协作又有什么用呢？尽管每个人都强调"团队协作"，但绝大多数编程任务都是由个人完成的，你的绩效评审通常也是以个人水平为主的。如果你的代码质量在团队中总是垫底，而且总是需要别的团队成员来帮助，那你的绩效分一定是很低的。尽管老板喜欢强调团队的重要性，但如果团队里的新手无法独立工作，老板是不会怪团队的，他只会怪这个新手。

本书的目的不是让你成为"大型有限责任公司"的一只好"工蜂"，而是帮你提高个人技能，让你能在工作中独立完成任务。如果你优化了个人工作流程，你自然会为团队做出重要贡献。除此之外，你还将拥有把自己的想法变成项目的能力，为你个人的项目之路开个好头。

随书视频的使用

本书附有一组扩展视频，演示代码是如何工作和如何调试的，最重要的是，还提供了应对各种挑战的解决方案。这些视频通过故意破坏 Python 代码完美地演示了很多常见的错误，并展示了如何修正这些错误。我还会利用调试和审视技巧和方法来浏览代码。在这些视频中，我会向你展示代码出了什么问题，你可以在线观看这些视频。

资源与支持

本书由异步社区出品，社区（https://www.epubit.com/）为你提供相关资源和后续服务。

配套资源

本书提供免费的配套视频，要观看这些视频，读者直接扫描每个习题首页标题旁的二维码即可。

提交勘误

作者和编辑尽最大努力来确保书中内容的准确性，但难免会存在疏漏。欢迎你将发现的问题反馈给我们，帮助我们提升图书的质量。

当你发现错误时，请登录异步社区，按书名搜索，进入本书页面，点击"提交勘误"，输入勘误信息，点击"提交"按钮即可。本书的作者和编辑会对你提交的勘误进行审核，确认并接受后，你将获赠异步社区的 100 积分。积分可用于在异步社区兑换优惠券、样书或奖品。

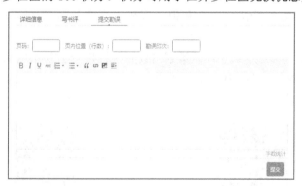

扫码关注本书

扫描下方二维码，你将会在异步社区微信服务号中看到本书信息及相关的服务提示。

与我们联系

我们的联系邮箱是 contact@epubit.com.cn。

如果你对本书有任何疑问或建议，请你发邮件给我们，并请在邮件标题中注明本书书名，以便我们更高效地做出反馈。

如果你有兴趣出版图书、录制教学视频，或者参与图书翻译、技术审校等工作，可以发邮件给我们；有意出版图书的作者也可以到异步社区在线投稿（直接访问 www.epubit.com/selfpublish/submission 即可）。

如果你来自学校、培训机构或企业，想批量购买本书或异步社区出版的其他图书，也可以发邮件给我们。

如果你在网上发现有针对异步社区出品图书的各种形式的盗版行为，包括对图书全部或部分内容的非授权传播，请你将怀疑有侵权行为的链接发邮件给我们。你的这一举动是对作者权益的保护，也是我们持续为你提供有价值的内容的动力之源。

关于异步社区和异步图书

"异步社区"是人民邮电出版社旗下 IT 专业图书社区，致力于出版精品 IT 技术图书和相关学习产品，为作译者提供优质出版服务。异步社区创办于 2015 年 8 月，提供大量精品 IT 技术图书和电子书，以及高品质技术文章和视频课程。更多详情请访问异步社区官网 https://www.epubit.com。

"异步图书"是由异步社区编辑团队策划出版的精品 IT 专业图书的品牌，依托于人民邮电出版社近 30 年的计算机图书出版积累和专业编辑团队，相关图书在封面上印有异步图书的 LOGO。异步图书的出版领域包括软件开发、大数据、AI、测试、前端、网络技术等。

异步社区

微信服务号

目录

第一部分 准备知识

首先要学的是所有的内容。听上去吓人吧，不过正如我在前言中说过的，整本书你学习的只有 3 个技能。每一个习题都会在你练习的过程中分别强化这 3 个技能。也许书中给你的任务是"复制一下 cat 命令"，但你实际学习的是如何发挥创造性。也许书中给你的是"创建一个链表结构"，但你实际做的是在编程实践中应用结构化的代码评审流程。本书的秘诀在于其中的项目和习题只是你的"交通工具"，通过它们，你将学会 3 种重要实践，即流程、创新和质量。

这 3 个概念没什么神秘的。"流程"是你用来创建东西的步骤，"创新"是你产生想法和实现想法的方式，"质量"则能保证你的实现不是一堆垃圾。关键在于应用。怎样在个人开发技能中应用流程？怎样分析你的软件质量的好坏？怎样把想法变成现实？你需要一个流程帮你创新，然后需要一个流程帮你保证质量，没有哪个流程是万金油。所以你还需要对流程有创新思考，这三者密不可分。它们合起来，就是一个强大而美丽的环。

完成本书的流程很简单，如下所示。

1. 针对本书中的每一部分内容，我会提供一个相关的目标，要么是流程，要么是创新，要么是质量。通常是这三者中的二者，有时是三者之一。例如，在第二部分，通过每节 45 分钟的快速练习课程，你要利用自己的创新能力做出一些简单的工具。你还要分析自己的开始流程，因为如果开始流程没做好，你就很难把创新做好。

2. 在每个习题的开头，我都会给你一个提示或者目标，让你边做习题边思考。每一个提示都会让你集中精力到习题中的一个或者多个方面。例如，在第二部分的习题 4 中，你的任务只是简单实现某个东西。然后习题 5 中，你要列出所有阻碍你的东西，试着消灭它们，或者更有效地处理它们。还有一些习题会让你观察自己周围的物理环境，把让你分神的东西挪走。在每个习题中，你都要先思考这些提示，然后开始做题，集中精力去完成每个特定的任务。

3. 我在每个习题的结尾提供了巩固练习，给你提出了进一步的挑战。它们也许和你的项目有关，也许更多地和你正在做的习题的流程、创新和质量课题有关。

4. 有的习题是"挑战模式"，我会描述你要实现的工具（通常是让你基于现有的 Unix 命令行工具实现一个类似的工具），然后让你实现它，但中间不会给你任何参考代码。有时候我会给你一些示例代码让你参考，但通常都不是 Python 代码。你可以在我的 GitHub 上的项目 learn-more-python-the-hard-way-solutions 中找到习题的答案。

5. 还有一些习题是对你要基于我的代码去实现的东西的描述。这些习题会为你解释一些东西，比如算法，然后让你精确实现它们并找出缺陷。通常这些习题都是以质量为主的，我会要求你写自动化测试，追踪你的错误率，然后在巩固练习中再解决一些其他问题。

6. 你需要准备一本"实验室笔记"来记录要点、追踪可以用来提升你的工作水平的指标。这里我要明确强调，你要把它写成日记，里边是关于你个人成长的私人化信息，你不需要给任何人看，尤其别给你们公司的领导看。也许有人会利用这些信息给你"穿小鞋"，所以要特别小心。

在学习本书的过程中，你的目的不只是做几个 Unix 工具的副本，而是通过实现这些 Unix 小工具，提升你在更大项目上的工作能力。

如果不喜欢作者的个人流程怎么办

没关系。本书的目的是让你提升自己，如果你还没有做好心理准备去分析自己的工作方式，那你可以日后再去做这件事。你只要用自己的方式和时间完成所有习题就可以了，做完后再照着书中的流程实施书里的项目。每个习题都是独立的，个人成长部分的内容适用于你手上的任何项目。按自己的方式做完习题，然后再去关注自己的工作方式。

如果发现自己太糟糕怎么办

这一点是很有可能的，但我的方法是帮你了解自己为什么糟糕，以及如何让自己变得更强大。通过做习题，你可以让自己越变越强。藏好你的笔记，没人会知道你的真实水平。等你完成以后，你会清清楚楚地知道自己当前的能力所在和需要加强的地方，不需要再去担心自己能否胜任一份工作。你会客观地认识到自己的长处和短处，无须担心自己的工作定位。

然而，你有可能没你想象的那么差。本书是一份私人教程，用来提高你对个人能力的客观认识。这意味着你的重点要放在自己能提高的地方，而不是已经做得很好的地方。如果你发现自己在做某个习题的过程中感觉很糟糕，那你需要分解任务，找出你能提高的地方。你还需要联系已经完成的习题去看当前的习题，客观地评价自己的进步。关注自己的进步，这样可以让你摒弃"正面"和"负面"的心态，客观地思考问题，持续获得进步。

准备工作

在使用本书之前，你需要配置一些工具。很有可能你已经配置好了，在这里就是确认一下。

程序员用的编辑器

你需要一个程序员用的文本编辑器，而不是 IDE。Vim、Emacs 和 Atom 都是程序员的文本编辑器。它们不是简单的文本编辑工具，它们还可以帮你管理整个项目，同时处理多份程序文件。它们还有一些 IDE 的常用功能，比如执行构建命令、将任务脚本化等。不过它们和 IDE 有一个关键的不同点：IDE 通常只支持一种编程语言，它支持对代码进行运行时的类型检查，并且提供了各种写代码的快捷方式。这样你就不需要记多少东西，只要会使用 "Ctrl+空格" 快捷键，你就能一路完成大多数项目。当你加入了一个百人团队，众多开发人员造成的技术债务多到你跟不上的时候，IDE 的功能是有用的。但在你想要学习的时候，这些功能就会成为你的阻碍。另一个问题是当你要学习一门新语言的时候，你还得等着人们为这门语言开发一个新的 IDE。如果碰巧微软或者 JetBrains 公司不喜欢这门语言，那你就无法继续学习了。

所有能用 IDE 做的事情，你都可以用一个真正的程序员用的文本编辑器来完成，由于 Vim、Emacs 和 Atom 这些编辑器自身是可编程扩展的，你不需要担心它们的未来。如果哪天最流行的语言变成了 Haskell++，你也可以直接上手，新旧项目两不耽误。如果你依赖 IDE，那你就得等着别人开发出你需要的东西来。

如果你刚开始学习，想要一个免费的程序员用的编辑器，那你可以选择 Atom 或者 Visual Studio Code。这些编辑器支持本书使用的所有平台，还可以通过编程扩展，支持很多插件，而且非常好用。如果你愿意，也可以使用 Vim 或者 Emacs。

Python 3.6

本书需要用 Python 3.6。理论上讲，你也可以用 Python 2.7，因为很多习题都是没有代码的挑战。不过，视频中会以 Python 3.6 为你提供讲解，而且本书的官方代码库也会为你提供 Python 3.6 的答案。如果你要把它们翻译回 Python 2.7，你会遇到很多麻烦。如果你不会用 Python 3.6，可以去阅读《"笨办法"学 Python 3》（*Learn Python 3 the Hard Way*），学习一些基础知识。

工作终端

如果你读过了《"笨办法"学 Python 3》，你知道我会让你使用终端。现在应该不用我告诉你怎样打开它了，不过为防万一，我在视频里给你演示了几个选项。该视频对 Windows 系统也有用，因为微软的终端支持和 shell 脚本近来变化很大，支持的 Unix 工具比以前多了很多。

`pip` 和 `virtualenv` 的配置

本书会要求你安装很多额外的库和软件。在 Python 世界中，这些事情是通过 `pip` 和 `virtualenv` 完成的。`pip` 从互联网安装软件包，并把它们放到你的计算机中，从而让你能运行 `import`，在你自己的 Python 脚本里使用这些软件包。`pip` 有一个问题，强制你把软件包安装到你计算机的正式目录下，所以安装过程中必须要使用 `root` 或者管理员权限。这个问题的解决方案是使用 `virtualenv`，这个工具会为你提供一个 Python 软件包的"沙盒"。它会创建一个目录，并允许你通过 `pip` 把软件包装在这个目录中，从而避免使用系统安装目录。在本章的视频中，我会演示如何在各个平台上安装、配置和运行 `pip`+ `virtualenv` 的开发环境。

实验笔记

在研究项目时，你需要记笔记，并记录测量指标。你需要一个绘图笔记本（最好是印刷点阵的而不是印刷线条的），同时还需要一支铅笔。你可以随便使用它们，但本书有一个流程方面的重点，就是让你在计算机之外记录和追踪事情，这样可以让你在解决问题的时候有一个新视角。有可能你用纸笔的时间比用计算机的时间还长（年轻人就不一定了），所以你会觉得纸笔的感觉更为"真实"，而计算机没有这种感觉。先在纸上把东西写下来，然后在计算机上整理，这样可以让你克服视角带来的困难。最后，还有一个理由：在纸上画东西比在计算机上容易多了。

GitHub 账号

如果你还没有 GitHub 账号的话，那么需要去 GitHub 创建一个账号。我会把所有的项目代码和视频演示代码放到那里，方便你检查自己的作业。如果你遇到困难，也可以下载本书对应的项目，看一下我是怎么解决的。有时候我还会告诉你某个项目我故意留下了一些毛病，你的作业就是修正这些毛病。

git

如果你有了 GitHub 账号，那你还需要 git 命令行工具。GitHub 上有关于怎样下载和安装 git 的说明，你也可以看我的视频，里边讲了如何针对不同平台安装 git。

可选：录屏软件

这个不是必需的，不过如果你有录屏软件，而且是能同时录到你的脸的那种，那你就能更好地分析自己的工作方式。说这个不是必需的，是因为如果你把自己的整个工作流程录下来，然后回去分析，看哪里可以提高——这样做也许太费劲了。我这样做过一段时间，这对我的帮助很大，但某种程度上也扼杀了我的创新。我的建议是，如果你能找到或者买得起录屏软件，当你在自己没法搞定问题，想要观察自己如何工作的时候，你就可以使用它。我还认为，在工作时录下自己的脸和身体，有利于检查自己的坐姿以及别的一些身体方面的坏习惯。不过的确，把一整天的工作都录下来就有点儿过分了。另外，这件事情也不适合在工作场合中做。

进一步研究

现在你需要的只有这些。在继续学习本书的过程中，我会在特定的时候告诉你一些别的还需要的东西。要完成当前这个习题，你需要去看对应你使用的平台的视频，然后安装所有要求安装的东西。如果有些东西你已经安装过了，你可以通过视频确认你的安装配置是否完备。视频可以让你确保自己可以跟上本书后面的内容。

论流程

软件开发的世界中有两种流程。首先是团队流程，包括 Scrum、敏捷、极限编程（eXtreme Programming，XP）。这些流程可以辅助大项目中的团队协作，防止团队人员发生争执。团队流程规定了每个人的协作方式、代码行为标准、汇报流程以及过失管理。团队流程通常包含以下几个方面。

1. 准备待办事项。

2. 完成待办事项。

3. 确认完成无误。

团队流程中可能有一个常见的误区，那就是它们试图控制个人流程，实际上个人流程最好还是留给个人去处理。在这方面，XP 流程恐怕是最激进的一种，它甚至会规定让每个程序员旁边有一个人去观察他工作，只要文本编辑器报错，观察员就要对着程序员吼一嗓子。我十分反对这样做，这又不是在教育环境中，强制规定个人流程的做法太极端了。这是对我们的专业水平的侮辱，屈从工作流程的员工，他们的创新能力和工作质量也会下降。在教育环境下，我们有必要规定学生使用某种个人流程，但是在工作环境下，这样做是没有必要的。例如，我唯一一次强制让人使用结对编程，是在新人加入团队且需要学习的时候。过了这一阶段，团队流程应该让每个人自己管控自己，只要最后能保质保量完成工作就好。

另一种流程是个人流程，我是从画家、音乐家和作家那里学来的。要成为一个有创新能力并能兼顾质量的人，你需要开发一个能帮你稳定输出工作的流程。业余画家、音乐家和作家的一个典型标志，就是他们缺乏自己的流程。从事别的创新工作的人，也都会开发出各种策略来实现自己的想法，并防止自己中途陷入困境。对于画家，他的个人流程就是把绘画的问题分解成多个逻辑步骤，这样就能确保他成功完成作品。对于音乐家，他们的流程要和编曲的平衡能力结合，让他们保持在自己选择的风格结构中。对于作家，他们的流程要能让故事自然流畅，而不是充满情节漏洞和逻辑矛盾（大部分电视剧编剧似乎都不明白这一点）。

对于软件开发，你的个人流程需要能够完成下列任务。

1. 辨别出可行的点子。

2. 开始实施这些点子，看看可行性如何，然后随机应变。

3. 把工作分成众多步骤，逐步优化你的点子；同时，你的方法要能预防问题，并能在发生问题时快速恢复。

4. 确保你的点子的实现质量，不要让自己被后面发生的 bug 击败。

5. 确保你能和别人协作（如果你期望这样的话）。

注意，我说过你不是必须和别人协作。自从开源流行起来以后，写软件似乎已经离不开社区了。如果你不想和别人分享自己的工作，人们就会觉得你人品不佳，是一个叛逆青年。但问题是创新活动很难从团队中发起，通常由团队发起的创新活动也不会有什么创新成果。创新的火花通常来自一两个人凭空想出来的点子。要完成一个产品可能需要大团队，书、电影、专辑都是如此。很多别的创新活动可以由单人完成，例如绘画和大部分视觉艺术。

没有一家艺术学校会要求学员通过团队协作来画一幅画。软件创作也一样，没有理由说它不能是一个类似绘画和写作的个人创新流程。软件是一个模块化的学科，这意味着你可以自己创造一个东西，然后别人可以直接使用，尽管他们和你素未谋面，也没有帮你写过软件。无论你人品如何，都不妨碍别人使用你的软件。绘画和写作也是一样的。画家、音乐家和作家里边也有品行差的，但他们依然有千百万的崇拜者。

如果你开始锻炼自己的个人流程了，有人告诉你说需要分享，否则你就是一个自私叛逆的人，那他们就是在欺负你。人有权利独自工作，做自己的东西，把结果据为己有。也许只有那些自己启动了大项目，并且已经能靠项目赚钱的人，才会号召人们为他们的项目贡献内容。相信我，我已经在软件世界中贡献了很多东西了，但当我去参加会议的时候，依然会有人说我不是贡献者，因为我没有为他们的项目提交过代码（尽管他们也从没帮助过我）。

在本书中，当我提到"流程"的时候，我指的是个人流程。我很少会讲到和别人一起工作时的注意事项，因为讲这个话题的书籍可谓如山似海。但讲个人流程，能帮你找出适合的方法，并能让你明白原因的书，市面上少之又少。你只需要让自己擅长自己喜爱的工作，这样做没有任何问题，也根本谈不上是以自我为中心、贪婪、叛逆、滥用资源。

习题挑战

真正的练习是写下你自己的流程和问题。在现阶段，因为你的经验有限，所以你也许对自己的工作方式没有概念。为了帮助你，我编写了一个问题清单。

- 你有没有发现自己不能长时间投入在项目工作上？

- 你是不是容易写出有缺陷的代码，但不知道为什么？

- 你是不是总在追着学习编程语言，但没有实现过什么项目？

- 你是不是总记不住 API？（嗯，我也记不住。）

- 你是不是觉得自己比别人差，并害怕被别人发现这一点？

- 你是不是担心自己不是一个"真正的程序员"？

- 你是不是不知道如何把大脑中的点子变成代码？

- 你是不是不知道怎样开始一个项目？

- 你的工作环境是不是很混乱？

- 你是不是在初步实现项目后发现不知道接下来该做什么？

- 你是不是不停地添加代码，直到代码变得一团糟？

思考一下这些问题，然后试着写下你在做项目的过程中具体做了什么。如果你没有项目经验，那就写下你觉得自己在项目中应该做的那些事情。

巩固练习

1. 多写一些类似的问题，然后自己给出答案。

2. 问问你认识的程序员，看看他们的流程是什么样的。也许你会发现他们也说不出来。

进一步研究

需要注意的是，有人"说"的流程和实际"做"的有很大区别。人类倾向于美化记忆，让它们变得更正面，更具逻辑性。在本书中，你将摒弃这个习惯，使用外部记录的测量数据（可能会用到录屏）来客观确认自己做的事情。这种做法没必要一直持续下去，但它对你提高编程技术有极大帮助。不过，在你问有经验的程序员时，你要意识到，他们说的未必是他们真正做的。如果你能找到愿意录屏的程序员，那么观看录屏要比问他们更有意义。我建议你去看看别的程序员的直播视频，看他们怎样解决问题，然后自己把要点记录下来。

论创新

创新没什么特别的。如果你的智力处于中等或者中上水平，那你就会创新。会思考，能想出点子，并能把它变成现实，这是人类智力的一部分。问题在于，创新似乎已经成了"创新人才"的专用名片。很多书会长篇累牍地讲这样的故事，说是艺术界的哪个谜一般的大人物，他想出一个主意，然后创新的大手一挥，就成就了一件惊世之作，就差"天雨粟，鬼夜哭"了。讲真话，"创新"是一个老掉牙的词，它存在的意义只在于阻碍人们看到自己的点子，但在本书里，除了这个词，我也没有别的选择。

在我的书里，"创新"只有一个意思：在现实世界中想一个点子出来。这个词不带任何优越感，也没有什么魔法属性，不需要对它的意义做任何发挥。我这个"会创新"的人和你唯一的不同是我练习过如何想出点子并实现它们。我有一个笔记本，用来记录点子，并且经常试图去实现它们。我学过绘画、音乐、写作、编程，这些都是为了把我的想法变成现实。通过经常练习创作，我就能变得擅长这件事情。整个过程中没有任何魔法，我只是不停尝试，直到自己能掌握它。

我在学习创作的流程时，产出了堆积如山的垃圾，但在垃圾堆的顶端也有一些我自己觉得不错的东西。如果你想练习创新，那么你也会创造一堆垃圾。但是，随便创作一堆垃圾，你是没法登顶的。要成为一个高效的创作者，你需要在实现想法的过程中遵循一定的流程，给自己一些框架限制，这样既能让自己顺利学到东西，又能避免被流程限制了自己的创新。有想象力的人，需要在引导你的流程和杀死你的点子的流程之间找到平衡。希望通过阅读本书，你能为自己找到这一平衡点。

习题挑战

要形成自己的创新流程，首先需要练习随机创新。我认为我的主要能力在于可以把两个看似随机的点子糅成一个有趣或者有用的东西。你可以每天做下面这几个小练习，练习自己的随机创新能力。

1. 写下至少 3 个随机组合的单词：森林里、有、水蜥蜴；象征主义、产生、薄饼；蟒蛇、能召唤、外星人。

2. 花 10 分钟，写一篇关于这 3 个词的短文，关于一个词也可以，用自己的感知能力去处理它们：视觉、听觉、平衡感、味觉和触觉等。查一下人类有多少种感知能力，想想还有哪些方面可以写。别过滤自己的思维，只要让文字流淌就可以。你还可以把你的点子画出来，也可以写首诗。

3. 在练习过程中，你可能会突然想出关于软件和其他感兴趣话题的点子。把这些点子写在一个比较严肃的地方，以供日后探索，把它们画下来也可以。

不管你信不信，这个练习会提高你写软件的诸多能力。

1. 它能让你思如泉涌，并且不用过滤它们。

2. 它训练你能随便把看似不相干的点子关联到一起，找出可能的联系的能力。

3. 它让你摒弃自我否定，开放思维，思考更多的可能性。

4. 它提高你书面或者绘图表达思维的能力，通常这是把点子变成现实的第一步。

5. 它强迫你思考自己和别人的感知能力是怎样工作的，这在实现点子的时候会很有用。

6. 它还会诱导人们认为你是一个思维深刻的艺术家。买顶贝雷帽，你就可以搬到巴黎去住了。

随机思考和记录奇思怪想，这对关注软件细节和质量的人来说可能是一件难事。这是完全可以理解的，关注细节和质量依旧是有用的能力。不考虑质量的创新只能产出一堆垃圾，但是没有创新的质量，你就会缺乏评判产品优劣的眼光。你需要的是兼顾创新和质量，这样才能产生点子优秀、质量可靠的软件。

巩固练习

如果你不喜欢随机写出"Unitarians tend to fly omelets"这样的句子，你可以在字典里随机找一个词，从你的感知出发，描写这个单词。这样也管用，而且显得不那么肤浅。你写一首诗讲珍珠海岸上穿着金色外套的蜜蜂，没人会因此解聘你。还有一个方法，你可以从你的感知出发，描写自己当前的感觉。这样除了能锻炼创新，还有利于心理健康。

论质量

我要提出一个自己也没法证明的科学理论，是关于认知的：*因为你记得你的工序，所以你会认为你的作品是正确的。*

这个理论来自我对自己工作的观察。几乎我的每一次创作都会经历如下过程。

1. 你花很长时间进行创造，不论是软件、文章，还是别的东西。

2. 你完成了作品，洋洋自得地欣赏一番，然后你的一个朋友走了过来。

3. 你的朋友指出了一个明显的问题，然后突然间你对于自己作品的看法就变了。

4. 现在你看到的只剩下你朋友指出的错误，你不知道为什么自己没看出这么明显的问题来。

我相信，这种现象之所以发生，是因为你记得自己创作的过程，而这影响了你对自己的观察结果的判断。创作的过程通常是正面的：想出点子，实现点子。所以你的记忆内容基本都比较积极正面。这会让你产生误判，高看自己的作品，忽略它的缺陷和细节。由于你记得自己创造了它，你会对它怀有感情。你的朋友没有这些记忆，因而能更客观地看待你的作品，也更容易找出它的缺陷。这就是图书编辑找出的错误比作者多许多的原因，也是安全专家找到的软件缺陷比软件作者找出的更多的原因。这些外部评审人不会投入感情，也不会受你创造它的记忆影响，所以他们看得更清楚。

这种情况在绘画界尤为常见，以至于画家想出了各种技巧来避免这种现象。就连达·芬奇的笔记本中都提到过这样的技巧，通过如下技巧，画家可以用局外人的眼光评判自己的作品。

- 把画颠倒放置，并从远处看。这样可以帮你看出关于颜色和对比度的明显问题，也能让你看到需要修改的重复元素。在艺术作品中，重复元素是需要避免的。

- 从镜子里观察画，这样画就会水平翻转，让你的大脑没法重现创作的过程。水平翻转以后，它在你眼里就会成为一幅新画，然后你自己就可以扮演那个眼光挑剔的朋友了。

- 透过红色玻璃观察，或者在黑色反射镜里观察，它们会把颜色过滤掉，让你看到一幅黑白画。这样你可以看出画中哪些部分太亮或者太暗，破坏了色彩效果。

- 在额头上放一面镜子，从镜子里观察，这样会倒置你绘画的对象和你的画，方便你比较二者。这样会让实景和画看上去更抽象、更陌生，从而让你看出明显的问题。

- 把画放到一边，过几个月，等你忘了自己的创作过程以后再去看它。

- 让你毒舌的朋友看看你的作品，让他们告诉你他们看到的东西。

有的画家甚至会在身后放一面镜子，以便随时转身查看自己的进度。我通常使用一面黑色反射镜（或者没有点亮的手机屏幕），把它放在额头上，用它检查作品。

别的创造性活动不见得有这么多的自我批判技巧，针对写软件的类似技巧就很少。其实我发现程序员有一个特别坏的习惯，那就是"编完程了"。"编完程了"是程序员不停鼓捣代码，直到差不多可以编译通过，然后就以为大功告成，做别的事情去了。其实在编完程以后还有很多的事情要做：清理代码、检查质量、添加不变量和断言、写测试、写文档、确认在完整系统的更大范围内它可以工作等。但程序员经常是只要编译或者测试运行完不出错，就认为自己大功告成了。

在本书里，你将学会用类似画家的方法，创建自己的一套检查方法。这些方法是以检查清单的方式展现给你的，它们可以让你与自己创作的过程断开联系。要破坏自己对工作过程的记忆，你需要强制自己执行这份清单，并且假设自己写的东西是有缺陷的。我教你的质量流程并不会检查出所有的问题，但它会让你自己找到尽可能多的错误，帮你追踪自己常犯的错误类型，避免日后再犯。完成这一步以后，我会鼓励你让别人审计你的代码，或者让你审计别人的代码，这样你可以用新的眼光发现更多的缺陷。

对于减少缺陷，我的哲学是基于概率。你永远都不可能去除所有缺陷，你要做的是大致估算出错的可能性并减少这种可能性。这样会让你对自己的软件的质量有个大致概念，你就不会因为自己的软件有缺陷而慌张。你会知道自己的工作什么时候算是完成了，什么时候可以给别人评审了。你将不会一直担心每一种可能的边界用例，你将能够评估这些边界用例发生的概率，并针对其中可能性最高的用例进行处理。

习题挑战

本习题是要你找出自己几个月前写的代码，然后对它进行评审。也许你还不知道该怎样审计代码，其实只要浏览一遍，找出自己不喜欢的内容并用文字标注出来。关键是要逐个文件逐行地检查，然后找出自己觉得不合适的代码，写下来为什么觉得不合适。你不需要专门去审核某个软件项目的代码，只要是自己以前写的就行了。

巩固学习

通过前面的审核过程，编写一份列表，列出你找到的所有缺陷。你可以去查一下官方的缺陷分类，但基本的分类是逻辑、数据类型和调用。逻辑错误一般是 if 语句或者循环错误。数据类型错误是指你使用了错误类型的变量。调用错误是你调用函数的方式发生了错误。这些不是官方的分类方式，但也算得上是一个好的开始。

第二部分 快速实现

你想出了一个绝妙的点子，名利在向你招手，你的头脑里都是和这个点子相关的东西，你做梦都会想着这些东西，它像幽灵一样缠着你。下一步就是坐在计算机前实现这个点子。你需要把这个幽灵召唤出来，用 Python 的图腾困住它，然后把它释放到互联网的海洋中。

你有足够的创意吗？

创新的敌人是起步。如果开始阶段充满阻碍，你怎么能实现自己的梦想呢？你会不会担忧这个点子太深刻宏大，自己没有能力实现？你究竟够不够好？够不够聪明？如果那个总告诉你应该先写测试的著名程序员看到你不知道如何开头，会不会生气？万事开头难，对于创新更是如此，本书的这一部分就是让你过这一关。

我有多重身份——画家、音乐家、作家和程序员，所以对于创新也算略知一二。对于开始的流程，我了解得就更多了。正是有了流程，我才能一路完成那些自己不再感兴趣的项目。不过，如果我不能开始，那我就不可能完成了。

流程的开始，需要你有勇气，一点儿都不介意别人的眼光。在画画时，当我没法下笔的时候，我会随便拿一些颜料，在画布上找一个差不多的位置，把颜料甩在上面。很多成功的画家都是这样做的。有的画家会在研究以后开始作画，先研究，再测试，再画草图，整理清楚后再开始作画。在写作的时候，我会先在房间里来回走动并自言自语，等和自己聊够了，我再坐下来写东西。先想到的是什么，我就写什么。

写作的时候我并不会担心文法问题。我不会问自己："这么写是不是比较巧妙？"我只是把口头陈述的内容用键盘记录下来，写完几段后我再回来检查：写得合不合理？需不需要清理一下？通过这样做，我就能从开始一直进行下去。也许我写的是垃圾，但我成功地开了头，这一点才是重要的。接下来，我就会以自己的流程，把开始的内容变成经过深思熟虑的文字。

那么你要怎样学会创新式的开始呢？朋友，本书会帮你找出方法来。首先我要让你不再畏惧开始。也许不是畏惧，也许是因为你在开始写代码之前要做太多的准备工作，那么你一定要把这部分阻力先排除掉。

如何练习创新

在这一部分,你将通过快速启动来练习创新。我会给你一个很无聊的小项目,就是 Unix 的 cat 命令,它会显示文件的内容。说实话,这是最简单的例子,可能用两行 Python 代码就实现了。这是更有意义的项目的开始,你需要不顾一切向前奋进。你要坐在计算机前披荆斩棘。现在就去做,一刻也别等。

那么要怎样做呢?你需要一份检查表,你还需要自动化。检查表里列出了所有的准备工作:打开计算机,关闭社交媒体,打开编辑器,摸摸你的幸运吉祥鸭,祈祷一切顺利,冥想十分钟,然后复制一份你的项目骨架,开始你的工作。这只是一个例子,你需要一份自己的检查表,越短越好。

不过你还不知道检查表是什么样的。也许你有一个概念,但你真的知道所有开始前要做的事情吗?这就是我要求你在项目中注意的内容。在第一个项目中,你会坐下来试图实现它,不过你还要写下所有你做的事情。如果有一样东西你无法度量,那你就无法管控它,而这是你的第一步度量工作,看你自己是怎样做事的。如果你有屏幕录制软件就更好了,打开录制软件,把自己写软件的糟糕过程录下来,然后看视频,写下自己做了哪些事情。

为了确保你是在真正地练习,而不是漫无目的地忙碌,你需要为每个项目设置一个严格的时间。你需要在 45 分钟内尽力写出东西来,不多不少。开始的时候,把计时器设置到 45 分钟,然后准备好你的纸笔和计算机并开始工作,等 45 分钟到了,你就结束工作,检查一下你做的事情。接下来才是重点。

完成每个项目之后,打开你的清单,看看怎样做能够减小阻力。你是不是要坐在那里边上网搜索边创建项目文件?那你需要创建一个项目骨架。你是不是对文本编辑器的操作磕磕绊绊?那你就要花时间学习使用编辑器,或者学习盲打。你是不是总是翻来翻去,查找基本命令和 API 的用法?那么朋友,你该找些书去学习一下了。

然后,删掉代码重来一遍,从头开始。拿一张新纸开始写,或者重新开始录制。用你的方法记录自己做了什么。这次的进展是不是更大?阻力是不是更小了?你的目的是减少从点子到实现的时间,直至把开工变成很简单的一件事情,就跟吃饭和呼吸一样简单。最终,开工就会变得很自然,然后你就能继续进行下一个项目了。

记住,你需要坐下来立即开始写代码,直接上手。如果心里有个声音告诉你:你的做法有问题。那就告诉那个声音,让它闭嘴。这里只是在开始项目,随意一些,只要能写出代码来,就当是在向了解你的朋友倾诉你那些疯狂但有意思的想法。那些关于测试和质量的古董概念以后再考虑,现在只要写代码就好。写得乱七八糟也没事,这会很有趣的。把点子写出来要比赢一场想象中的质量竞赛更重要。

每次 45 分钟的写代码环节结束以后,坐下来回顾你做过的事情。这个"创造加批判"

的过程会让你未来的能力得到提高。

为新手准备的流程

如果你只是一个新手，还不知道怎样开始项目，我会给你一个简化的流程来帮你上手。本部分中的习题会让你写 45 分钟代码，但作为新手，你也许需要更多时间，或者你完全不知道从哪里开始。如果是这样，每个习题花 60 分钟或者两段 45 分钟也是可以的。

说到流程，在开始用钟表计时之前，每个新手都应该做下面的事情。

1. 准备好计算机，确保一切就绪。

2. 阅读任务描述，记下重点。这是你的研究阶段，你需要书面搜集尽可能多的相关信息。

3. 把你的研究结果转成待办事项清单，写下具体该做哪些事情。想到什么就写什么：该创建哪些文件？用哪些目录？要实现哪些功能？会用到哪些代码库？

写好了待办事项清单，你就可以开始计时了。在写代码阶段，你还要做下面的这些事情。

1. 在你的清单里找出最容易的事情，把它们做完。需要创建文件或目录？那就创建吧。

2. 检查你做的东西是否有问题。

3. 划掉这一条，继续下一条任务。

这个流程我是认真讲的，它是我的流程的简化版，效果很好。几乎每一种流程都是"创建清单，完成事项，划掉完成项"。既然它对我有效，对你也会有效。所以，如果你不知道该怎样做，那么照我说的去做就好了。

新手的写代码流程

这个流程对于你写代码也是有效的。我在《"笨办法"学 Python 3》里讲过，如果你不确定怎样写，那就按照下面的流程来。

1. 用简单的语句写下你的代码应该实现的功能。你可以写成段落，要是能写成清单就更好了。如果你写成了段落，那你需要把它转化成一份代码功能清单。

2. 把清单写成代码中的注释，每行以#开始。

3. 从文件顶端开始，在每一行注释下面，写下实现功能的 Python 代码。如果注释太抽象，那就把它分解得更为具体，然后重复这一步。

4. 运行代码，确保你的程序没有语法错误并且能够工作。

这就是你要做的所有事情。如果你能用英语（或者别的语言）描述你要做的事情，那你就不必总想着代码该怎么写，你可以很容易地实现它们。最终你会做到无须注释直接写下代码，不过如果我碰到难写的代码，我依然会这样做。

处理命令行参数

本 部分开始之前，你需要做一些快速代码实验，学会 Python 的命令行参数处理。传统上我们把这个过程叫作"研究测试"。这个术语是指创建一个测试性的小项目，让它能覆盖更大的项目或过程中的各种元素。通过这个研究测试，你可以确保项目的可行性。研究测试的目的是让你练习一下怎样使用新的代码库或者工具，然后在真正开始项目后去使用它们。

这也是第一个带挑战模式的习题。挑战模式是让你自己去解决一些事情，然后再回来看我是怎样做的，比较你我使用的两种方法。我不会先给你代码让你输入，这是给初学者的，你已经不是初学者了。你现在的任务是阅读挑战题目，然后自己解决问题。

警告 特别注意，我不期望你在 45 分钟内做出一个功能完备的软件。45 分钟的时间限制是为了让你无须担心犯错并能持续工作。它的目的是推动你前进，而不是为了测验你的能力。如果你看着 45 分钟的时限束手无策，觉得你写不出一个完美的东西来，那你就做错了。你应该这么看：我来试试 45 分钟能完成多少东西。你只需要利用时限弄明白自己是怎样工作的，而不是去评判自己是不是一个好程序员。

习题挑战

你要写一个很小的 Python 脚本，试验两种处理命令行参数的方法。

1. 老式的 sys.argv，这是一般做法。
2. Python 的 argparse 包，它支持更多样的参数处理。

你的测试脚本要能够处理以下情况。

1. 通过 -help 或 -h 获取帮助。
2. 至少有 3 个标志参数，它们不会接受额外数据作为参数，只要加在命令行，就能开启某项功能。
3. 至少有 3 个选项参数，它们需要接受额外选项作为参数，这些选项会被设置成你的脚本中的变量。

4. 一些额外的位置参数，它们是加在所有 –风格参数后面的一系列文件名，你还需要让它能处理 */.txt 这样的通配符。

由于本习题是一个研究测试，你应该持有这样的态度：如果你在自己的测试中发现某个东西不好，那就放弃它试试另一个。先试着用 sys.argv，如果发现搞不定，就再试试 argparse。

记住本习题有 45 分钟的时限，你需要遵守这一点。你还要记录自己所有的起始工作。你的目的是找出自己是如何开始项目的。你在开始之前有没有自言自语厘清思路？你能不能找到并熟练使用编辑器？都写下来，然后想办法减少阻力。

然而，不要把时限作为衡量成败的标准。你只是试着在 45 分钟内去做某件事情。如果你的技术水平不足，45 分钟只是创建了一个 ex4.py 文件，里面没写什么内容，那么你也算完成了一些事情。你应该去看看为什么花了这么长时间才创建好文件，找出你下次需要改进的地方，然后再试试下一个 45 分钟练习。

答案

为了防止你作弊，我把所有答案都放到了我的 GitHub 上的项目 learn-more-python-the-hard-way-solutions 中，而没有放在书里。因此，如果你想要作弊，就去那里看一下，你需要检出该项目，浏览到 ex4 目录，看看我是怎样快速实现的。你还会找到我的笔记，里面记录了我是怎样开始工作的，以及我有哪些可以提高的地方。

警告 记住，如果你卡住了，就回到第二部分的介绍中，使用我给你的新手流程。你应该创建一个清单，完成清单中的事项，再检查完成结果，就这样。

巩固练习

1. 究竟有多少个 Python 的参数解析库？你更喜欢哪一个？

2. 与 sys.argv 相比，argparse 最大的优势是什么？

3. 你开始项目的方法有哪些地方可以改进？有没有你现在就可以解决掉的问题？

cat

在习题 4 中你已经开始寻找工作的阻力了。那是一个简单的挑战，就是去研究一下获取用户输入的最佳方式。本习题的真正目的是让你记好工作是怎样开始的。你有没有发现自己需要做出一些改变？有没有发现自己的奇怪习惯？准备工作有没有遇到问题？在本习题中你将要模仿创建一个简单命令，也就是 cat 命令。不过你的真正目的是要找出你的准备工作中的一个问题，针对它做出改变，从而让自己的开始速度变快。记住这里不是为了看你实现 cat 的结果，而是看你怎样可以快速启动项目，在 45 分钟内写出一点儿有用的东西来。

和习题 4 一样，坚守 45 分钟的时限。为习题设置时限，是进入编程模式的一个有效方法。如果你每天花 45 分钟做这样的代码热身运动，那会是你取得进步的一种理想方法。在此之前，你需要提高自己的项目启动能力，所以你要找出自己今天要克服哪个阻力，然后我们就可以开始了。

警告　在这里我再强调一次：本习题你可以失败。如果你把这 45 分钟当作升班考试，为自己设定了一个期望结果，那你就错了。正确的方法是把它当作一种鞭策机制。这不是考试，我再重复一次，这不是考试。告诉自己这一点，然后放松心情，去完成任务吧。

习题挑战

cat 命令是"concatenate"的简写，它最常见的应用场景是把文件内容显示到屏幕上。用法是这样的：

```
cat somefile.txt
```

这个命令会把 somefile.txt 的内容全部显示出来。其实这不是该命令的原始目的。它本来是为了把多个文件合而为一的，所以它的名字叫作 cat。要实现这一点，你只要把每个文件提供给 cat 就可以了：

```
cat A.txt B.txt C.txt
```

cat 命令会遍历每个文件，输出它们的内容，遍历完以后退出命令。问题是，这样怎么算是合并文件呢？要做到这一点，你还需要使用终端的 POSIX 文件重定向功能：

```
cat A.txt B.txt C.txt > D.txt
```

>符号的用法你应该很熟悉了，如果不熟悉，那你需要去复习一下基础的 Unix 命令行操作。它的作用是获取 cat 命令的标准输出（这里就是 A.txt、B.txt 和 C.txt 合并起来的所有内容），并把它写到右边的 D.txt 文件中去。

你需要尽快地实现更多的 cat 命令，使用你在习题 4 学到的方法来获取命令行参数。记住，要实现标准输出，你只要使用 Python 的 print 就可以了。要学习更多关于 cat 的知识，可以使用 man，如下所示：

```
man cat
```

这就是 cat 命令的手册，如果你在 45 分钟内实现的功能比题目要求的更多，那你还可以获得加分。

答案

你可以在我的 GitHub 上的项目 learn-more-python-the-hard-way-solutions 中找到答案，在 ex5/ 文件夹下，你可以看到我的解决方案是挺粗略的。你不应该在这一阶段担心质量和创新的问题，你的任务就是马马虎虎地快速完成任务。时限的目的就是让你不要每次碰键盘，都企图写一头万人崇拜的"金牛犊"出来。尽量去完成任务，结束以后你可以分析一下哪里可以改进。

巩固练习

1. 你有没有发现 cat 的一些新奇功能或者难以实现的功能？

2. 你有没有克服开始阶段的重点阻力？这比实现 cat 更重要。因此，如果你没有绕开你的阻力，那你需要再做一遍本习题。

3. 你有没有发现更多的阻力？简单的比如坐姿不好导致脖子痛，比如你不会盲打导致编码速度慢，比如你的精神状态是否良好，有没有一些想法让你阻力重重，能不能不想它们。

进一步研究

这不是一本讲自我提高的书，我不会去修正你的心理状态，不过我发现学习新东西的障碍不在于你要学的东西有多难，而在于你自己的恐惧。如果在本习题中你发现自己的恐惧心理让自己没法行动，那么我建议你在 45 分钟开始之前，花 10 分钟记录下自己的心理状态。把自己的恐惧、焦虑，统统写下来，这样可以让你意识到这些忧虑在后面 45 分钟的习题中是没有意义的。试试看，你会发现，把自己的感觉写下来真的是一个处理心理问题的好办法。

find

希望你在开始工作前就已经找出了各种存在的影响因素。也许没那么夸张，但你至少应该能找出一些环境方面的影响你开始的因素。这些小练习可以让你更集中精力于开始阶段，因为它们本身并不重要，而且实现的时间长度也正适合你进行分析。如果这些项目各自都需要几个小时，等你复习的时候你早就厌烦了。45 分钟的项目可以让你用笔记或者录像记录下来，然后快速复习你写代码的过程。

这是我自己学习时常用的一种方法。我会找出自己需要提高的地方，比如我的开始阶段，或者我的工具使用。然后我会设计一个练习，让自己集中精力克服这个难点。在我学油画的时候，我曾发现自己在室外画树阻力重重，于是我就坐下来分析问题，首先我发现的问题是出门带的东西太多了，然后我发现屋子里的东西也太乱。于是我买了一个专用的包，用来放我的绘画用品，随用随拿。当我想要画画的时候，我就拿着包，走到几个固定地方去，完全不需要事先计划和准备。我练习着拿上包，出门，架好设备，画完回家，直到整个流程像蚕丝一般顺滑。然后我就去看了 Bob Ross 的教程，学习怎样画树，因为他可是个画树的高手。

这就是你该做的事情。很多人会在工作环境方面浪费太多时间。你有没有固定不变的工作场所？我放弃了笔记本电脑，现在我只用台式机，这样我就有了一个固定的工作场所，不但救了我的颈椎和背，还能让我使用更大的屏幕，这些都能提升我的工作状态。在本习题中，我需要你关注工作环境，确保你在开始的时候环境已经准备好了。

1. 灯光怎样？需不需要调亮或者调暗？

2. 椅子怎样？要不要好一点儿的键盘？

3. 有没有别的妨碍工作的工具？你是不是在 Windows 上做类似在 Unix 上的工作？是不是在 Linux 上做在 Mac 上的事情？别现在就去买新电脑，但你下次买电脑时，就需要去衡量一下这些因素了。

4. 你的桌子怎样？你是不是连桌子都没有？你是不是天天在咖啡厅写代码，不仅椅子不舒服，而且还摄入咖啡过多？

5. 音乐呢？你听的音乐有没有歌词？我发现自己听没歌词的音乐比较好，这样我可以集中精力听到自己内心的声音，这对我写代码有帮助。

6. 你是不是在开放空间的办公室上班，而且同事还挺烦的？去买一个头戴式大耳机。戴上耳机以后别人会看出你在忙自己的事情，然后就不好意思打扰你了；耳塞式耳机别人有时候会注意不到。耳机也可以让你少受干扰，更有利于你集中精力。

在本习题中用心思考一下这些内容，试着简化和改善你的工作环境。不过要注意一点：别去花大钱买各种东西，只要找出问题，然后试着找办法改进就可以了。

习题挑战

在这个挑战里你要实现用于查找文件的 find 工具的基本功能。find 是这样运行的：

```
find . -name "*.txt" -print
```

这条命令会搜索当前目录下所有以 .txt 结尾的文件，并把它们打印出来。find 有特别多的命令行参数，你不需要在 45 分钟内实现全部。find 命令的基本格式如下。

1. 要开始搜索的路径：. 或者/usr/local/。

2. 一个过滤参数，比如-name 或-type d（搜索类型是目录）。

3. 搜到每个文件以后的行为：-print。

你可以针对每个找到的文件做一些有用的事情，比如针对它执行一条命令。如果你需要删除用户目录下的所有 Ruby 文件，你可以这样做：

```
find . -name "*.rb" -exec rm {} \;
```

这条命令会删掉所有以 .rb 结尾的文件，所以要慎用。它会找到每一个以 .rb 结尾的文件，-exec 参数会接收一个命令，用文件名取代{}的所有实例，遇到分号（;）的时候停止。我们使用了\;，这是因为在 bash 和很多别的 shell 里边，;是它们的关键字，所以我们需要对其进行转义。

本习题会真正考验你使用 argparse 或 sys.argv 的能力。我建议你运行 man find 先了解一下所有的参数，然后尝试使用一下 find，看看自己想实现哪些参数。你只有 45 分钟，所以你不太可能实现很多东西，不过-name 和-type 挺重要的，-print 和-exec 也一样。-exec 是挺有挑战性的，把它留到最后吧。

在实现的过程中，试着找一些能取代你的工作的库。你需要看看 subprocess 和 glob 模块，另外 os 模块也要仔细看看。

巩固练习

1. 你实现了 find 的多少种功能？

2. 你找到了哪些可以改进这一实现的代码库？

3. 你有没有把找代码库的工作算到 45 分钟内？你可以说研究过程不算数，我也没有意见。如果你需要额外挑战，那你可以把研究时间也算到 45 分钟内。

进一步研究

再给你 45 分钟，看看还能实现多少 find 的功能？你可以把它作为下周任务之前的热身练习，看看自己能实现多少东西。记住，代码"丑陋"没关系，只要多多实现功能就好。别担心，我不会把你做的事情告诉"敏捷派"的人。

grep

在45 分钟内实现 find 命令是可能的,也是一个很好的挑战。到现在为止,你应该已经克服了很多阻碍你启动项目的问题。也许你发现去除阻碍因素以后你的技能反而下降了。比如,我以前工作之前会喝咖啡,光这件事情就要半小时,这半小时我也挺享受的,不过每次耽误半小时,积攒下来就是好多小时。于是我决定不再喝咖啡了,然后我的工作就受到了影响。看样子我离不开咖啡,于是我就买了一个不错的咖啡机,学着自己做拿铁。现在我每天起来,自己做一杯拿铁,画一会儿画,这样会让我进入创作状态。

并不是你做的所有事情都会导致效率低,所以别只是因为费时间,就把某个事情给划掉。有一些个人习惯或者有仪式感的事情可以让你进入工作状态。注意,不要把这些去掉,而是应该在开始工作之前,让它们变得更容易做。

在第一部分中,你还学到了时间管理的概念。设置 45 分钟的时限,可以让你清楚地知道自己做一件事情花了多长时间。有了 45 分钟的时限,你就不可能花 30 分钟去调整一个完美的 vim 界面并组织完美的目录结构,然后再去实现一个新的排序算法了。你需要节约时间,排出优先级,做出取舍。

启动项目的一个好办法就是先实现一个最简单的可运行程序。在 find 的例子里,你可以先实现用 glob 匹配文件。如果时间管理不好,也许有人会先去实现-exec,认为这样能证明自己的能力,不过-exec 离开-name 无法工作,而且实现它本来就很难。判断工作优先级的方法是告诉自己,工作完成后需要产出一个能用的东西。如果 45 分钟过后你写完了-exec 但没法传入文件,别人怎么使用它呢?如果一样的时间内你先实现了输出匹配文件的功能,那你就完整实现了一个功能,你的 45 分钟就是有产出的。

继续克服你列出的阻碍因素,估计一下自己的开始流程做得是好还是坏,然后同时开始关注时间管理。为自己要实现的东西定制策略,就算时间不足,也要想办法在有限的时间内产出一个可用的东西。并不是非要完整的功能,你可能产出了 2 个可用的功能,也可能因为忽略了最简单的东西而产出了 10 个不能用的功能,明显是前者更好。当然,更糟糕的情况是你在 10 个功能之间跳来跳去,虎头蛇尾,一个都没做完。

习题挑战

现在你要实现的是 grep 命令。和往常一样,你需要去阅读 grep 的手册页,然后试用一下。grep 的目的是用正则表达式搜索文件中匹配的文本内容。你在实现 find 的时候使用了 glob 模块，这里的操作是类似的，不过它是在一个文件内部操作，而不是在目录中操作。假如我要在我的书里搜索 help 这个词，那我可以这样做：

```
grep help *.rst
```

grep 的命令行参数很简单，难点在于处理正则表达式。你需要依赖 re 模块。这个模块会让你在加载文件内容以后，搜索匹配命令行参数的文本内容。再给你一个提示，你也许需要使用 readlines 来加载整个文件而不是使用 read，grep 的大多数参数都更适合这样去做，尽管这种读取文件的方式效率更低。

你也许还要临时跳到习题 31，在那里我介绍了正则表达式的概念。

巩固练习

1. 有没有发现一些 re 模块的特殊参数，它们的工作模式和 grep 很相似？
2. 能否把你的 grep 写成一个模块，然后在你的 find 工具里加上一个 grep 的功能？

进一步研究

re 模块非常重要，所以要仔细学习一下，尽量多学一些东西。我们会在本书其他部分继续用到正则表达式和 re 模块。

cut

希望你在了解 Python 的同时，也了解你自己以及你的工作方式。阅读本书的这一部分，你将通过改进自己的流程，学习关于流程和创新的内容。如果开始就有阻力，那你是无法创新的，不过你应该还要意识到，改进个人流程最简单的方法，就是观察自己是怎样工作的。只做练习是不够的，你需要看看自己的工作方式，然后试着做出改进。

在你改进开始流程的时候，你也许会发现，针对不一样的项目，你需要一些不一样的开始方法。当我在做类似这些命令行工具的项目时，我会直接从写代码开始。当我需要用到 GUI 的时候，我需要先画出用户界面，实现一个假的版本，然后让它工作起来。在继续学习本书的过程中，你将学会这两种工作方式，并对这些流程进行实践。

在本习题中，我需要你把精力集中到你的身体健康状态和行为上。程序员这一行经常会破坏自己的身体健康。听上去这个工作对身体没什么坏处，不就是天天坐在桌前么，又不是去做砍树之类的体力劳动。事实上，成天坐着的工作也有压力，也会破坏身体健康。要克服这一点，你需要追踪工作中的下述事项。

1. 你的坐姿好不好？坐太直不好，但弓着身体也不好。你需要坐直并放松，头抬起来。

2. 你有没有双肩向上提？把它们放下来吧。

3. 你的手腕是不是扭着放在桌上？试着让它们伏在键盘上面，手腕不要太紧绷，也不要太松弛。

4. 你的头部是不是放松并直视前方，或者你是不是可以直着转过头去看你的另一个显示器？

5. 你的椅子舒不舒服？

6. 你中间会不会休息？一次工作最长 45 分钟，然后你就该休息一下。

7. 你有没有去厕所？我是认真的。如果你没有去，那就去一下吧，憋着对身体不好。

还有很多事项，不过上面这些是最主要的。很多程序员似乎觉得如果自己从电脑前走开，他们的电脑就会爆炸掉。其实电脑会耐心地等待你回来，中间休息会给你的大脑一个机会，让它用不一样的方式思考你的问题。

你还需要考虑打开电脑摄像头，把自己的工作录下来。你也许觉得自己没有弓背，不过在工作的紧要关头，你也许会有一些自己也注意不到的身体行为。把工作过程录下来，然后看看哪些东西给你造成了紧张、背痛，或者别的奇怪的问题。

习题挑战

在本习题中你要实现 cut 工具。我挺喜欢这个工具的，因为它会让我看起来像一个 Unix 魔术师，其实它的真正功能只是切割文本流而已。它是你能写出来的既简单又很有用的一个小工具。要使用 cut 工具，你需要用另外一个工具给它一些文本行，让它去进行切割，所以我们可以这样做：

```
ls -l | cut -d ' ' -f 5-7
```

看上去像是乱码，不过在大部分系统中，这条命令都会列出每个文件对应的用户名和用户组。cut 命令会接受一个选项来设置分隔符的类型（-d ' '表示用空格分割），然后是需要抽取的字段列表（这里是 5-7）。我们使用 ls -l 给它一些东西，让它去切割。

就这么简单。去看看 cut 的手册页，看看你能实现多少东西，在练习过程中要同时注意你的身体状态。

巩固练习

Unicode 对你的实现有什么影响？

进一步研究

记住，你的身体是你的一部分，如果认为意识最重要，那你就错了。你不把自己的身体当一回事，就会让你的大脑效率变低，并且让你无法舒服地长时间工作。我建议你经常做一些体力相关的健康运动，如瑜伽、跳舞、走路、野外徒步或者去健身房，任何能让你保持身体健康的事情都可以，这样可以让你的大脑不受身体影响而认真工作。

你可以这样想：如果你的身体经常疼痛或不舒服，或者经不起折腾，那么你的大脑就要浪费时间去关注这些问题并告诉你。如果你能维护好自己的身体，那你的大脑就不用担心这一点了。

最后，如果你的身体不能像别人一样做各种运动，那你尽力而为就可以了。没有人会告诉你说程序员需要什么样的体魄。编程的一个好处就是，即使你的身体条件不允许你做很多事情，编程一般也是没问题的，重点是不要让编程把你的身体变得更坏。身体健康最重要。

sed

用这些小项目进行自我认知学习是很有用的，不过我们还是收回视线，看看你已经关注过的一些主题吧。

1. 开始工作的流程，如你的文本编辑器、打字的效率，以及别的和你的计算机相关的事情。

2. 注意开始工作时的精神状态，并建议你通过记日志的方式把控自己的状态。

3. 工作环境，包括你的桌子、灯光、椅子和计算机类型等。

4. 身体坐姿和健康状况，防止工作导致的身体伤害。

在本习题中，我们将通过追踪一些指标把这个改进方案再向前推进一步。你已经做了一些小型命令行工具，通过阅读知道了它们的功能，然后花 45 分钟时间快速实现了一个版本。你现在可以枚举这些功能，给它们排优先级，然后看自己在 45 分钟内能完成多少。其实你也可以回去把你所有的项目重做一遍，拿出你记录变化的笔记，用改进后的方法再做一遍，看结果是不是更好。

现在去看看你的笔记，估计一下自己在每个 45 分钟内可以完成多少功能。在纸上画一些图，再看你的笔记，看看自己是不是需要做出重大调整，改变工作方式以后效率是提升还是下降。然后在本习题中试着预测一下，基于你要做的修改你可以完成多少工作。你甚至可以试着把一些阻力再加回来，看看它是怎样影响自己的工作效率的。

警告 记住这些都只是个人指标，不需要和任何人分享。这些都算不上是科学指标，它们只是为了让你客观分析自己的工作流程而已。它们不是用来描述所有程序员的什么高级指标，不过如果有领导发现你有这样的记录，他肯定想拿来看一看，没准儿他还会让你们组的每个人都这样做，然后管理层就会用这种方法给你找一大堆麻烦事。你的实验笔记是非常私人的东西，别让任何人看到。

习题挑战

本习题比别的复杂，因为实现 sed 实用程序需要使用更多的正则表达式。sed 可以让你通过正则表达式的匹配和替换功能，改变它接收到的文本行的内容。这里的难点可能是实现 sed 的表达式格式，所以我建议你用下面 3 步解决问题。

1. 第一步是用命令行参数实现基础的 sed 功能，把一个字符串用另一个字符串替换。

2. 第二步是在命令行参数中支持正则表达式。

3. 第三步是实现 sed 的表达式格式。

使用 sed 的一个例子，就是把文本流中的一个词改成另一个。如果要把 ls 输出结果中的用户名改成"author"，我可以这样做：

```
ls -l | sed -e "s/zedshaw/author/g"
```

然而，sed 的长处在于支持用正则表达式做匹配和替换。如果你使用了 vim 编辑器，那你对下面这种语法应该已经很熟悉了：

```
ls -l | sed -e "s/Jul [0-9][0-9]/DATE/g"
```

你应该去阅读一下 sed 的手册页，不过也许你在实现之前还要做更多研究。我建议你第一天晚上研究好了，然后第二天再花 45 分钟，基于你的研究实现一个版本。这样会让你的指标更公正，并且只是衡量你的实际工作。

巩固练习

1. 在你看到自己的指标时有没有发现一些特别的或者让你觉得惊奇的东西？

2. 你在开始工作前的预测是否准确？

3. 它和你实际的工作结果差别有多大？

进一步研究

在本习题的视频里，我会给你看一个叫作"趋势图"的东西。趋势图是一个简单图表，里边记录了你监控的某项活动，并展现了它随时间变化的趋势。我们使用趋势图来找出行为的重要变化。因为它是一个简单有用的可视化工具，你在本书中也会用到它。

sort

你已经在慢慢建立自己的"个人流程实践",这不是什么新概念,个人流程实践的目的是让你客观评价自己做事情的流程,同时不破坏你的创造力和生产力。通过跟踪各种指标,用趋势图追踪进度,你可以极大地改善自己的工作。当然风险就是这样做可能会让你无法快速做出东西来,或者你在流程方面花的时间比你真正工作的时间都多。

在我的编程生涯中我有大约 4 年的时间使用了这种方法,它很好地教会了我自己以及我工作的各个方面。它还让我看穿了很多流程推广者的谎言。我有一个简单方法,用来测试专家的观点是否能提高我的个人生产力。我的唯一一个错误就是太把它当回事了,于是这 4 年我都没有什么创造力。

这就是为什么你要自己通过小练习,形成一个开始流程,改善工作环境。如果你只有 45 分钟,那你就没有时间收集复杂的指标,以及担心自己做事情的方式。后面我们会关注需要集中精力的实践,你会花更多的时间,收集更好的指标。在你工作的过程中,试着别让指标扼杀你的创造力、工作状态和心态。如果你不喜欢收集什么东西,那就别收集了。找一个可以将它自动化的方法,或者想一个别的指标出来。

在本习题中,你需要用趋势图记录你工作完成量的百分比。这意味着在工作之前,你需要阅读 sort 命令的标准手册页,列出所有功能,然后记录自己完成了多少个。记住,要将它们排序,这样你就可以完成足够多的任务,并让程序最终能使用。如果你写了 90% 的代码,但它并不能将文本排序,那你实际上是完成了 0%。

完成工作以后,对于每个项目,你应该用趋势图记录你完成功能的百分比,这样你就可以在下一个习题中分析自己的进度。

习题挑战

在本习题中,你需要实现 sort 命令。这个命令很简单,它会接收文本行,然后对它们进行排序。它也有一些有趣的参数,所以你应该去阅读 sort 的手册页,看看它的各种功能。大部分时候人们只是用它为各种名称排序而已:

```
ls | sort
```

你也可以逆排序:

```
ls | sort -r
```

还可以控制它的排序方式，比如忽略大小写：

```
ls | sort -f
```

或者用数字大小排序：

```
ls | sort -g
```

对 ls 来说大概输出个了什么东西，除非它列出的是数字。

你的任务是实现尽可能多的功能，记录自己实现了哪些功能。这些都需要记录在你的笔记上，以供日后分析。

巩固练习

1. 是不是发现自己没什么可以改进的了？那就到处搜索一下，看看别人对于流程有什么建议。

2. 我们是程序员，写代码的人，你有没有试着找一些让你更有效的代码？我的朋友 Audrey 和 Danny 写了一个项目叫 Cookiecutter，你应该去看一下。

3. 你应该研究一下怎样求出一个数值集合的平均值。后面你会用它计算出你的趋势图的中线。

进一步研究

如果你真的要做一个标准的趋势图，那你还需要计算标准差。现在没有必要这样做，但如果你想要做到技术精确，那么这样做也是有好处的。

uniq

这 一部分的最后两个习题没什么好讲的。你应该知道如何考量自己的工作环境、如何开始、怎样坐下来等，你应该知道所有影响你开始的因素。通过这些 45 分钟的小项目，你应该已经过了"万事开头难"的阶段了。如果你还没有搞定这些，那就设一个 45 分钟的计时，给自己加把油就开始吧。这里的目的不是让你写出了不起的东西，而是让你能继续下去。

你应该还准备了一本不错的实验笔记，里边用趋势图记录了你的进步。趋势图也不是要做得多么科学，只要能帮助你理解各种方法的效果就可以了。使用趋势图的时候，你需要注意陡升和陡降的位置，试着找出其对应的原因。如果是良性升降，那就找出原因，以后照着做。如果不是良性升降，也要找出原因，日后避免。

我说的陡升和陡降指的是明显的变化。趋势图本来就会有波动，如果经过几次 45 分钟的练习，趋势图一直没什么变化，这样也是不好的，你需要找出原因来。正常的进程会在平均值上下浮动，你应该尝试找出出现向上或者向下的大的变化的原因。如果你做了习题 10 的"进一步研究"，那你可以把 2 * std.dev（2 倍标准差）标记在 mean（平均值）的上下，这样可以帮你找出问题。

警告 本习题的视频里有更多关于趋势图的演示。这些东西用视频解释更方便。

习题挑战

uniq 命令只是从 sort 获取排好序的多行文本，然后删除重复的内容。当你需要获取列表中某个唯一的行的时候，这个命令非常好用。如果你实现过这些命令，那么你可以这样做：

```
history | sed -e "s/^[ 0-9]*//g" | cut -d ' ' -f 1 | sort | uniq
```

history 命令会打印出你运行过的每一个命令，sed 命令加上正则表达式作为参数，它会把 history 命令的开头内容去掉。然后用 cut 命令获取命令名，作为第一个单词，然后依次用 sort 和 uniq，这样你就获得了一份所有你使用过的命令的清单。

执行足够的 uniq 和其他任何可以让前面这一命令运行起来的命令。如果你的 sed 不能处理参数表达式，那你也可以修改格式，不过等你做完本习题以后，你应该就可以获取到你使用过的命令的清单了。

巩固学习

1. 你现在有了一份命令清单，如果你要进一步学习，你可以去试着实现它们。

2. 这是你的第一个多项目习题，你需要把之前习题的多个步骤合成一步。你有没有在自己的流程中发现什么新东西？

3. 你的趋势图看着怎么样？它们对你有没有帮助？

进一步研究

研究一下 Python 的图表库，看看能不能用 Python 生成趋势图。你应该已经记录了自己在开始阶段花了多少时间，看看趋势图有没有帮你减少这部分时间。

复习

这一阶段的方法我介绍完了，但你还有工作要做。我们现在要复习这一部分的策略，这样一来，你以后就可以继续使用它。我们的策略如下。

1. 每个项目都需要有一个开始阶段。

2. 要分离出这个阶段的问题，你需要坐下来，做一些 45 分钟的小项目。这样会让你把精力集中到项目开始阶段的问题区域，让你能重复你的流程的各个部分。

3. 在实现项目的过程中，要找出自己遇到问题的可能原因。可能是计算机配置问题，可能是工作环境问题，也可能是精神思想状态或者身体健康状态的问题，还有别的一些东西，不过上面这些是最主要的可能有问题的地方。

4. 识别出可能的原因以后，你需要在 45 分钟的时限内试图纠正或者改进它们。

5. 最后，记录并用图表追踪，看看你的某些改变是不是有帮助，不过同时也要确保这样做不会影响你的生产力。

不一定非要是一个正式的、科学的流程才对你有用。你只需要把它当作能够帮你客观评价自己工作的日志。如果你做对了，你会遇到一些你之前没想到的，让你大吃一惊的事情。数据收集会强制你探索新的可能性，并且扩展你对于某些事情原因的认识。

请记住，这本个人评价日志不需要和别人分享，尤其是管理人员。管理人员会不可避免地把这些东西用在你身上，如果他们这样做，你应该直接拒绝。这些是你的私人笔记，任何人都无权阅读它们，就跟你的个人日记或者邮件一样。

习题挑战

这部分最后一个习题是让你实现你最喜欢的一个工具，再花一两个星期的时间（由一系列 45 分钟组成）对它进行改进。使用你学到的所有关于自己的东西，拿着项目，从头开始，写一个更健壮的实现。依然是每次 45 分钟，不过别胡拼乱凑这个项目，这应该是你拼凑之后的下一步任务。

在我快速拼凑并测试过一个想法之后，我要么会把它删掉，要么会把它整理干净。如果我的实验结果非常恶心，不适合见人，那我就会把它删掉，干干净净地重写一遍。你肯定不会忘记自己做过的事情，并且必须解决掉，但关注质量会让你把它弄得更整洁。如果拼凑的代码还不赖，那我会把它清理一遍，然后再去扩展它。

有一个把拼凑的代码变成健壮的代码的方法，就是把拼凑的代码中的关键元素抽取出来，写成一个库，并加上自动化测试。这样会强制你把代码想成别人会使用的东西。我会像下面这样做。

1. 浏览一遍代码文件，把按照当时的思路写下的代码转换成一系列函数。

2. 清理代码中的重复内容，但也别做得太过度。毫无重复的代码基本上就成了密码一般难读的东西。

3. 如果带有函数的代码被清理好，并且运行结果也和之前一样，我就会把这些函数放到一个模块中，确保之前的代码依然能够工作。记住，在清理过程中不要改变功能，只需要重组代码、修正问题就好。

4. 代码移动好，并且也能运行了之后，我会写一些测试用例，确保在我真正改了东西以后，代码在未来依然可以运行无误。

在本习题中，你需要把自己最喜欢的项目拿出来，用这个"正式化"的流程去处理它。保持每次 45 分钟，用上面的流程去清理它。一天工作超过 45 分钟也可以，只要确保每两段时间中间有 15～30 分钟的休息时间即可。时限是一样的，只不过你不再是拼凑代码，而是在认真地写代码。

巩固练习

1. 把你拼凑的代码和你正式写的代码进行比较。在清理过程中有没有发现并修正一些 bug？有没有其他的改进？

2. 如果拼凑的代码和清理后的代码在行为上完全一样，那你真有必要去清理代码吗？你之前的代码可以工作，也许还更简单，但你一样需要清理，这是为什么？

3. 从你日常使用的命令清单中找一个新命令（参见习题 11），试着使用完整流程：先快速拼凑一个版本，然后清理它，把它写成正式项目。

进一步研究

下面是你可以在 45 分钟内试着写出复制品的一些工具：

- `ls`；

- `rm`；

- `rmdir`；

- `mkdir`；

- cal;

- tail;

- yes;

- false。

试着实现其中一些命令。

第三部分　数据结构

你正在建立一个让你可以快速开始并减少阻力的个人流程。有一个良好的开始流程，开发出放手去干的能力，这是创造力的基础。创新性思维是流动且放松的。如果在你开始时有阻力和困难，那你就很难进入流程。学会将你的大脑切换到创新性的松弛模式中，这样可以帮助你创新性地解决问题，并提高你的工作效率。

如果你做的东西是垃圾，那么创新就没有任何意义。显然，你一开始写的大部分东西都是垃圾，但你肯定不想在你的余生中继续写糟糕的软件，那么你需要平衡创新性的拼凑心态和严格的质量心态。我认为人们需要在创意表达和批判性思维之间切换。你可以说出自己的想法，并通过松散和富有创意的方式来实现，然后通过批判自己的工作，让它们变得更紧凑，质量更高。

在第二部分中你已经这样做过了：追踪 45 分钟内可以完成的功能数量，尝试找到可以改善开始流程的地方。但是，由于批判性思维模式是创造力的杀手，你无法一边拼凑代码，一边分析流程。这个建议涵盖了我所知道的几乎所有创意学科，并帮助你在工作时不让自己成为自己的绊脚石。

> **警告**　创作过程中的批判会杀死你的想象力。没有批判的创造力只会产生垃圾。这两者你都需要，但不能让它们在同一时间出现。

在第三部分中，你将转而关注质量并建立可以提高质量的个人流程。为了简单起见，我将质量定义为：缺陷率低且可理解的代码。

大多数程序员在这两个方面都做得非常糟糕。绝大多数开发人员认为在编译完成时他们的工作就完成了。他们运行测试套件，都通过了就觉得大功告成。我把这样的做法叫作"程序员式完成"，程序员对自己的工作没有自我评估，因为他们完全信任计算机能找到所有缺陷。他们似乎也从不关心其他人是否可以理解他们的代码，只关注它是否足够满足最低要求。如果你问过他们每天的缺陷率是多少，他们只会瞪着你说这并不重要。代码覆盖率？呸。他们的测试套件有 10 万行代码，所以肯定都测试到了！

要成为一个更好的程序员，你必须严酷地审视自己的质量指标和实践过程。我说这项工作很严酷，是因为它清楚地展示了自己有多糟糕，对那些总是乐观地认为自己很棒的人来说，这可能是一场悲剧。那些有"冒名顶替综合征"的人会发现这种质量分析令人耳目一新，因为它会给你一个不错的概念，告诉你自己做得如何，并能给你一个改进计划。

通过数据结构学习质量

数据结构是一个挺简单的概念。你的计算机有内存，还有要放入内存的数据。你可以将它填入随机位置，也可以创建一个结构，让数据变得更容易处理。自计算机科学诞生以来，人们一直在分析如何为不同目的组织数据，然后分析这些结构的工作情况。由于数据结构定义清晰，我们可以使用它们来研究你的质量实践。你将实现每个数据结构并对其进行测试，然后通过两个步骤来确定你的实现的质量。

你的每个数据结构习题的流程如下。

1. 每个习题都会描述数据结构的特征，告诉你可以用它做什么事情。我会用文字、图表和示例代码进行说明。我会给你一个完整的结构描述，但是没有代码，因为你要自己实现这些代码，并且不能出错。

2. 你可能有一套你必须通过的测试，但这些测试也可能是用文字描述的，所以你还需要写一个自动化测试。

3. 你需要继续以 45 分钟的时限进行训练，但每次实现可以花更长时间。我建议你做一些快速拼凑，然后"认真起来"用更多时间来优化你的实现。

4. 当你觉得自己已经"完成"时，你就要进入批判模式，找出实际上你是怎样做的。你需要遵循一个审计流程，以批判的眼光审计代码，找出 bug，并追踪你制造了多少 bug。

5. 最后，你需要修复在审计阶段发现的 bug，然后继续工作，直到完成为止。

这个过程挺费力的，所以本部分的前两个习题（习题 13 和习题 14）将由我通过视频来完成，你会看到我的所有代码和所有 bug。你将通过视频看到该流程的实际效果，并阅读我的习题代码，以便了解习题的预期成果。我会尽可能严格地遵循上面概括的流程，因此你需要仔细观看视频。

如何学习数据结构

有一种正式地学习算法和数据结构数学化的方法，但我不会太深入讲解它们背后的理论。如果这个简介让你感兴趣，那么你可以阅读几本关于这个主题的书，并且花几年工夫研究一下这个计算机科学分支。在本书中，我会让你做练习，从而学习如何根据记忆实现它们，并理解它们的工作方式。你不需要证明自己真的在这样做，只要去写 Python 代码，不断尝试就可以了。

在这些习题中，我希望你按照特定的方式来研究它们，这样你可以根据记忆来实现它们。当我学习音乐时，或者当我尝试画出所看到的内容时，我都会使用这个流程。它适用于任何需要记住概念的地方，不过你也可以创造性地将它应用于不同的场景，所以你不能只是死记硬背，相反你要遵守的是我所说的"记忆，尝试，检查"流程。

1. 准备好所有关于你要学习的对象的信息和资料。试着记住它们，尽管它可能只是信息的很少一部分。

2. 把所有信息放到自己看不到的地方，我会把它们放到另一个房间里，这样如果我想查找，那我就需要离开工作场所。

3. 试着按照记忆写出你需要的东西。无论对错都写下来。

4. 当你想得筋疲力尽了，就把你写下的东西和你之前搜集的信息进行比较。标出所有你想错的地方，然后把你默写的东西放回去。

5. 使用你的错误列表，重点去记住它们，以便你在下次尝试中纠正自己的错误，然后再来一次默写过程。

我喜欢先做 2～15 分钟的记忆，再做 10～45 分钟的默写，不过你会意识到什么时候自己写不出东西了，需要去看资料。我会讲一个具体的例子，解释一下我是怎样从记忆中画出一幅油画的。

1. 我要画一朵花，所以我把花放到一个房间里，然后自己到另一个房间里去画。

2. 我坐在有花的房间里盯着花看。我会先画草图，用手指跟着轮廓走，试着用我的心灵之眼想象它。我想象自己画每一片花瓣，每一根花枝，一切的一切。我记住它的比例，我也许还会记录下它的颜色，或者在这个房间里把颜色调配出来。

3. 我把所有东西都留在有花的房间里。我快速走到画画的房间，试着从记忆中找出花的图像，找出自己接下来该画什么，我想起了叶子，我就画叶子；我想起了花盆，我就画花盆。我会闭着眼睛试图想起当时的场景，然后试着把它画出来。

4. 当我卡住了或者时间用完了，我就站起来，带着我的画布，走到放花的房间，把我的画和实景比较。然后我再写下自己哪里没画对。是不是花瓣太长了？是不是花盆角度不对？是不是泥土颜色太暗？我会用笔记来记录自己哪里弄错了。

5. 然后我把我的画带回画画的房间，再走到放花的房间，用自己记录的错误作为参考，继续研究绘画对象，进行下一轮的绘画。

我用这个过程创作的画通常都很怪，但也接近原始图像，这取决于我来回跑了多少趟，也取决于我多久演练一次。最终这个流程提高了我的能力，加快了我的观察速度，也让我能更长久地在记忆中保留某样东西的视觉信息。

当你在做这些算法习题时，你可以学着使用相同的流程，来锻炼你在面试中随时消化吸收信息的能力。首先你应该坐下来，利用你能得到的所有信息来实现它们，并学习它们的工作原理。记住你不懂的东西是很难的。当你有了一个还不错的实现之后，你就可以开始训练自己对它的记忆了。

1. 把所有关于这个算法的书、笔记和图表等信息放到一个房间里，把笔记本电脑放到另一个房间里。如果需要的话，你还可以打印出自己的代码。

2. 花 15 分钟在你的算法房间里研究一下手头上的信息，记笔记，画一些图表，对数据的流向进行可视化，总之用各种你能想到的方法去学习它。

3. 把所有信息留在算法房间，走到笔记本电脑房间，坐下来，试着按照记忆实现算法。花的时间不要超过 45 分钟，到时间后就检查一下你的成果。

4. 带着笔记本电脑走到你的算法房间，在笔记上记下自己弄错的地方。

5. 把笔记本电脑放回去，然后回到算法房间，再来一轮记忆和学习，然后回去继续写程序。关注自己犯错的地方，这样会让工作更容易。

前几次这样做会让你觉得有些沮丧，不过很快你就会发现这样做其实并不难，而且很多时候，这样会让你工作时心更静。

单链表

你 要实现的第一个数据结构是单链表（single linked list）。我会描述该数据结构，列出所有你要实现的操作，然后给你一个测试，你的实现需要通过这个测试。你先要自己尝试实现这个数据结构，然后再看我在视频中是怎样实现的，事后再审计一下你的实现，这样你就明白整个流程了。

警告 这些不是高效实现的数据结构！我故意把它们写得很粗浅，效率也不高，这样我们就可以在习题 18 和习题 19 中进行测量和优化。如果你试图在工作中使用这些数据结构，那你就会遇到性能问题。

描述

在 Python 这样的面向对象编程语言中处理数据结构，你需要弄懂 3 个常用概念。

1. "节点"，通常是数据结构中的一个容器或者内存位置，你的值就存在那里。

2. "边"，但我们叫它指针或者链接，它指向别的节点。它们会被放在每个节点中，通常存储为实例变量。

3. "控制器"，是一个知道如何正确使用节点中的指针来正确组织数据的类。

在 Python 里我们会这样映射这些概念。

1. 节点只是由类定义出来的对象。

2. 指针（边）只是节点对象中的实例变量。

3. 控制器只是另一个类，它会使用节点存储所有东西并组织数据。所有操作都在它里边（push、pop 和 list 等），通常控制器的使用者不需要真正去操作节点和指针。

在一些算法书中，你会看到一些把节点和控制器合并到同一个类或者结构体中的实现，但这样会让人迷惑，而且这种设计违背了责任分离的设计原则。最好还是把节点和控制类分开，这样的话每样东西都能做好它自己的事情，出了问题你也知道 bug 发生在哪里。

想象我们要按照次序存储一排汽车的信息。我们有第一辆车，接着是第二辆，直到最后一辆。想象一下下面这个列表，我们就可以开始设想一个节点/指针/控制器的设计了。

1. 节点中包含每辆车的描述。也许只是 Car 类里边的一个 node.value 变量。我们可以叫它 SingleLinkedListNode，或者简单一点，也可以叫它 SLLNode。

2. 每个 SLLNode 都有一个 next 链接，指向链条中的下一个节点。执行 node.next 会让你访问到下一辆车。

3. 一个叫作 SingleLinkedList 的控制器，它里边有一些操作，比如 push、pop、first 或 count，控制器会接收 Car 并使用节点把它们存储在内部。当你把 Car 推入（push）到 SingleLinkedList 控制器中时，控制器会用一个由链接起来的节点构成的列表把它存储到末端。

警告 Python 已经有了一个很好用而且速度很快的 list 类型，为什么我们还要这样做呢？主要还是为了学习数据结构。真实世界中只要用 Python 的列表就可以了。

要实现这个 SingleLinkedListNode，我们需要一个简单的类，如下所示。

sllist.py

```
1  class SingleLinkedListNode(object):
2
3      def __init__(self, value, nxt):
4          self.value = value
5          self.next = nxt
6
7      def __repr__(self):
8          nval = self.next and self.next.value or None
9          return f"[{self.value}:{repr(nval)}]"
```

由于 next 是 Python 的关键字，我们只好使用 nxt 了。除此之外，类其实很简单。最复杂的就是这个 __repr__ 函数。它是为了让你在使用"%r"格式或者在节点上调用 repr() 时显示调试信息。它需要返回一个字符串。

警告 现在花点时间看看如何只用 SingleLinkedListNode 类手动构建一个列表，然后手动遍历它。现在你可以把它当作一项研究活动，花 45 分钟的时间搞明白它。

控制器

在 SingleLinkedListNode 类里定义好节点以后，我们就可以知道控制器具体该做什么事情了。每个数据结构都有一系列有用的常用操作。不同的操作会消耗不同数量的内存（空间）和时间，有的代价高昂，有的速度很快。SingleLinkedListNode 的结构会让一些操作速度变快，但也会让一些操作变得非常慢。你需要在实现过程中自己搞明白。

观察这些操作的最简单的方法是看一下这个 SingleLinkedList 类的框架版本。

sllist.py

```
1   class SingleLinkedList(object):
2
3       def __init__(self):
4           self.begin = None
5           self.end = None
6
7       def push(self, obj):
8           """Appends a new value on the end of the list."""
9
10      def pop(self):
11          """Removes the last item and returns it."""
12
13      def shift(self, obj):
14          """Another name for push."""
15
16      def unshift(self):
17          """Removes the first item and returns it."""
18
19      def remove(self, obj):
20          """Finds a matching item and removes it from the list."""
21
22      def first(self):
23          """Returns a *reference* to the first item, does not remove."""
24
25      def last(self):
26          """Returns a reference to the last item, does not remove."""
27
28      def count(self):
29          """Counts the number of elements in the list."""
30
31      def get(self, index):
32          """Get the value at index."""
33
34      def dump(self, mark):
35          """Debugging function that dumps the contents of the list."""
```

在别的习题中，我只会告诉你需要支持哪些操作，然后让你自己去搞定它们。不过在这里，我给了你一些实现的指引。看一下 SingleLinkedList 里的每个函数，里边的每个操作和注释告诉了你它们应该怎样工作。

测试

现在我要给你一些测试，你在实现类的时候，需要让这些测试全部通过。你会看到我测试了每一个操作，并且试图覆盖所有的边界用例。但是你会发现，事实上在我审计代码的时候，我可能还是漏了一些用例。很多时候人们都不会去测试 "0 个元素" 或者 "1 个元素" 这样的用例。

test_sllist.py

```
1   from sllist import *
2
3   def test_push():
4       colors = SingleLinkedList()
5       colors.push("Pthalo Blue")
6       assert colors.count() == 1
7       colors.push("Ultramarine Blue")
8       assert colors.count() == 2
9
10  def test_pop():
11      colors = SingleLinkedList()
12      colors.push("Magenta")
13      colors.push("Alizarin")
14      assert colors.pop() == "Alizarin"
15      assert colors.pop() == "Magenta"
16      assert colors.pop() == None
17
18  def test_unshift():
19      colors = SingleLinkedList()
20      colors.push("Viridian")
21      colors.push("Sap Green")
22      colors.push("Van Dyke")
23      assert colors.unshift() == "Viridian"
24      assert colors.unshift() == "Sap Green"
25      assert colors.unshift() == "Van Dyke"
26      assert colors.unshift() == None
27
28  def test_shift():
29      colors = SingleLinkedList()
30      colors.shift("Cadmium Orange")
31      assert colors.count() == 1
32
33      colors.shift("Carbazole Violet")
```

```
34          assert colors.count() == 2
35
36          assert colors.pop() == "Cadmium Orange"
37          assert colors.count() == 1
38          assert colors.pop() == "Carbazole Violet"
39          assert colors.count() == 0
40
41      def test_remove():
42          colors = SingleLinkedList()
43          colors.push("Cobalt")
44          colors.push("Zinc White")
45          colors.push("Nickle Yellow")
46          colors.push("Perinone")
47          assert colors.remove("Cobalt") == 0
48          colors.dump("before perinone")
49          assert colors.remove("Perinone") == 2
50          colors.dump("after perinone")
51          assert colors.remove("Nickle Yellow") == 1
52          assert colors.remove("Zinc White") == 0
53
54      def test_first():
55          colors = SingleLinkedList()
56          colors.push("Cadmium Red Light")
57          assert colors.first() == "Cadmium Red Light"
58          colors.push("Hansa Yellow")
59          assert colors.first() == "Cadmium Red Light"
60          colors.shift("Pthalo Green")
61          assert colors.first() == "Pthalo Green"
62
63      def test_last():
64          colors = SingleLinkedList()
65          colors.push("Cadmium Red Light")
66          assert colors.last() == "Cadmium Red Light"
67          colors.push("Hansa Yellow")
68          assert colors.last() == "Hansa Yellow"
69          colors.shift("Pthalo Green")
70          assert colors.last() == "Hansa Yellow"
71
72      def test_get():
73          colors = SingleLinkedList()
74          colors.push("Vermillion")
75          assert colors.get(0) == "Vermillion"
76          colors.push("Sap Green")
77          assert colors.get(0) == "Vermillion"
78          assert colors.get(1) == "Sap Green"
79          colors.push("Cadmium Yellow Light")
80          assert colors.get(0) == "Vermillion"
```

```
81        assert colors.get(1) == "Sap Green"
82        assert colors.get(2) == "Cadmium Yellow Light"
83        assert colors.pop() == "Cadmium Yellow Light"
84        assert colors.get(0) == "Vermillion"
85        assert colors.get(1) == "Sap Green"
86        assert colors.get(2) == None
87        colors.pop()
88        assert colors.get(0) == "Vermillion"
89        colors.pop()
90        assert colors.get(0) == None
```

仔细学习这些测试，这样你就会知道每个操作是如何工作的，然后就可以从容地实现它们了。我不会一下子写完全部代码。更好的方法是每次只做一个测试，每次完成一小部分。

警告 如果到现在你对自动化测试还不熟悉，那你需要看下我在视频里是怎样做的。

审计概述

在处理每一个测试用例的时候，你需要审计自己的代码，找出里边的缺陷。最终你需要记录审计中自己发现了多少个缺陷，不过现在你只要学着在写完代码以后审计代码就可以了。"审计"和政府部门怀疑你在骗税时税务代理人所做的一样，他们会查你的每一笔交易、每一笔钱的去向以及缘由，分析所有收支记录。代码审计与遍历每个函数，分析所有输入的参数和输出的值类似。

要完成基本的审计，你需要做下面这些事情。

1. 从测试用例的顶端开始，我们以 test_push 为例。

2. 看第一行代码，观察它调用了什么，创建了什么。这里的代码是 colors = SingleLinkedList()，也就是创建了一个 colors 变量，然后调用了 SingleLinkedList.__init__ 函数。

3. 跳转到 __init__ 函数顶端，把你的测试用例和目标函数（__init__）并排放置，然后确认你在调用时使用的参数个数和类型是正确的。在这里 __init__ 只有一个 self 参数，而且类型应该是正确的。

4. 然后逐行查看 __init__ 函数，用同样的方法确认每个函数调用和变量的定义。参数个数对不对？类型对不对？

5. 在每一个分支（if、for 和 while 语句）中，你要确认逻辑是否正确，确认是不是逻辑中所有可能的分支条件都被覆盖到了，你的 `if` 语句有没有用 `else` 子句来处理错误，你的 `while` 循环会不会结束。然后用同样的方法跟踪每一个分支，在里边检查变量，再退出来，检查返回值。

6. 当你检查到函数末尾或者某个 `return` 语句之后，跳回到 `test_push` 调用函数的位置，检查它返回的内容是否符合你调用时的期望。不过要记住，针对每一个 `__ini__` 中的调用你也都要这样做。

7. 等你检查到 `test_push` 函数的最后一行，你的递归跟踪函数的任务就完成了。

这个流程一开始似乎挺乏味的，事实也是如此，不过你做的次数越多，速度就会越快。在视频里，你会看到我在运行每个测试之前都这样做了（或者至少我尽力去做了），我用了下面的流程。

1. 写一些测试代码。

2. 写代码让测试通过。

3. 审计以上二者。

4. 运行测试，看结果对不对。

习题挑战

现在你应该去尝试下面这件事情了。首先，阅读测试代码，研究一下它做了什么，然后研究一下 `sllist.py` 里的代码，弄清楚自己需要做什么。我建议你实现 `SingleLinkedList` 中的函数时，先用注释描述函数的功能，再写 Python 代码来实现这些注释描述的工作。你会看到我在视频里也是这样做的。

当你花了一个或者两个 45 分钟来写代码并测试代码以后，你就可以看视频了。在自己先尝试过之后，你就会对我要做的事情有一个更清晰的概念，也会更容易看懂视频。在视频里，我只是在写代码，不怎么说话，不过我后期会加上解说，讨论一下中间发生了什么事情。为了节约时间，视频速度调得比较快，中间无聊的错误以及浪费的时间我都裁剪掉了。

在看完我是怎样做的以后，你应该已经记了一些笔记，然后再更认真地试着审计一遍你的代码，一定要认真仔细。

审计

写完你的代码以后，确保你也用了我在第三部分中描述的审计流程。我在视频里也会为本习题做一遍审计，如果你不确定该怎样做，那你可以看看视频。

巩固练习

本习题的巩固练习是试着完全凭借自己的记忆再次实现这个算法，按照我在第三部分中描述的方法去做。你还要试着思考在数据结构里哪些操作速度太慢。当你完成以后，使用审计流程检查一遍你的代码。

双链表

上一个习题你可能需要花费很长时间才能完成，因为你必须要弄清楚如何让单链表工作。如果没什么大问题，视频能够为你提供足够的信息来完成习题，同时也向你展示了如何对代码进行审计。在本习题中，你将实现一个叫作 DoubleLinkedList 的升级版链表（双链表）。

在 SingleLinkedList（单链表）中，你应该已经意识到，涉及列表结尾的任何操作都必须遍历每个节点，直到它结束。SingleLinkedList 只有在列表前端的操作是高效的，你可以很容易地改变 next 指针。shift 和 unshift 操作速度很快，但是随着列表变大，pop 和 push 操作就会越来越耗时。也许你可以保持对倒数第二个元素的引用，这样似乎可以加速操作，但是如果想替换该元素该怎么办？你将不得不再次遍历所有的元素来找到这个元素。通过这样的一些小改动，你可以获得一些速度提升，但更好的解决方案是彻底改变结构，让每个位置的操作效率都得到改善。

DoubleLinkedList 与 SingleLinkedList 几乎相同，只是它多了一个 prev（前一个）链接，指向它前面的 DoubleLinkedListNode。每个节点都有一个额外的指针，然后突然发现许多操作变得更容易了。你还可以在 DoubleLinkedList 中轻松添加一个指向 end 的指针，这样你就可以直接访问开始和结束位置。这使 push 和 pop 操作再次变得有效了，因为你可以直接访问结尾位置，并使用 node.prev 指针获取前一个节点。

修改以后，我们的节点类看起来像下面这样。

dllist.py

```
1   class DoubleLinkedListNode(object):
2
3       def __init__(self, value, nxt, prev):
4           self.value = value
5           self.next = nxt
6           self.prev = prev
7
8       def __repr__(self):
9           nval = self.next and self.next.value or None
10          pval = self.prev and self.prev.value or None
11          return f"[{self.value}, {repr(nval)}, {repr(pval)}]"
```

我们只是添加了一行 self.prev = prev，然后把它加到了 __repr__ 函数中。实现 DoubleLinkedList 类所使用的操作和实现 SingleLinkedList 一样，只不过你要在列表结尾处多加一个变量。

dllist.py

```
1   class DoubleLinkedList(object):
2
3       def __init__(self):
4           self.begin = None
5           self.end = None
```

介绍不变条件

所有要实现的操作都是相同的，但现在我们有一些额外的考虑因素，代码如下。

dllist.py

```
1       def push(self, obj):
2           """Appends a new value on the end of the list."""
3
4       def pop(self):
5           """Removes the last item and returns it."""
6
7       def shift(self, obj):
8           """Actually just another name for push."""
9
10      def unshift(self):
11          """Removes the first item (from begin) and returns it."""
12
13      def detach_node(self, node):
14          """You'll need to use this operation sometimes, but mostly
15          inside remove().  It should take a node, and detach it from
16          the list, whether the node is at the front, end, or in the
            middle."""
17
18      def remove(self, obj):
19          """Finds a matching item and removes it from the list."""
20
21      def first(self):
22          """Returns a *reference* to the first item, does not remove."""
23
24      def last(self):
25          """Returns a reference to the last item, does not remove."""
26
27      def count(self):
```

```
28            """Counts the number of elements in the list."""
29
30      def get(self, index):
31            """Get the value at index."""
32
33      def dump(self, mark):
34            """Debugging function that dumps the contents of the list."""
```

有了 prev 指针之后，你需要在每个操作中处理更多的条件。

1. 如果元素个数为 0，那么 self.begin 和 self.end 需要设置成 None。

2. 如果只有一个元素，那么 self.begin 和 self.end 需要相等（指向同一节点）。

3. 第一个元素的 prev 值必须是 None。

4. 最后一个元素的 next 值必须是 None。

在任何使用到 DoubleLinkedList 的时候都必须遵守这些约定，也就是说，它们算是一种"不变条件"或者"不变量"。不变量的意思是，无论如何这些条件都是保证结构工作正确的基本要素。查看不变量的一种方法是在任何测试代码或者调用 assert 的地方，一旦发现重复的检查，你都可以把它们移动到一个名为 _invariant 的特殊函数中，该函数执行这些检查。然后在测试中，你可以在每个功能的开始和结束处调用这个函数。这样做会降低你的代码的缺陷率，因为你在告诉代码，"不管我做什么，这些条件都必须成立。"

不变量检查的唯一问题，是他们可能需要花费时间来运行。如果每个函数都调用了两次另一个函数，那么你将为每个函数增加潜在的重大负担。如果你的不变函数也做了一些高成本的事情，那么情况就会变得更糟。想象一下，添加了不变量以后是这样的："除了第一个和最后一个节点，所有节点都有一个 next 和 prev。"这意味着每个函数调用都会遍历整个列表两次。当你必须确保这个类始终工作时，这是值得的。如果这不是你的目的，那么它就成了一个问题。

在本书中，你要尽可能使用不变量函数，但请记住，它们不是你的万金油。想一些办法，要么只在测试套件中激活它们，要么只在调试或者开发过程的初始阶段使用它们，这才是有效使用它们的关键。我建议你只在函数的顶部调用不变量，或者只在测试套件中调用它们。这是一个很好的妥协方法。

习题挑战

在本练习中，你将实现 DoubleLinkedList 的操作，但是这次你还将使用 _invariant 函数在每次操作之前和之后检查它是否正常工作。最好的方法是在每个函数的顶部调用不变量，然后在测试套件中的关键点调用它们。你的 DoubleLinkedList 测试套件几乎是 SingleLinkedList 测试的副本，只是你在关键点添加了 _invariant 调用而已。

  和 SingleLinkedList 一样，你需要自己手动研究这个数据结构。你应该在纸上绘制出节点结构，并手动执行相关操作。接下来，在你自己的 dllist.py 文件中手动处理 DoubleLinkedListNode。之后花一两个 45 分钟的时间尝试弄清楚一些操作的原理。我推荐先实现 push 和 pop。然后，你可以观看视频，了解我的工作方式，看我是如何将审计代码和 _invariant 函数结合使用来检查我自己的工作的。

巩固练习

  和习题 13 一样，你需要凭借记忆再次实现这个数据结构。把你需要了解的相关资料放在一个房间里，把你的笔记本电脑放在另一个房间里。你需要一直这样做，直到你可以不需要查看参考资料，只凭借记忆实现 DoubleLinkedList 为止。

栈和队列

在处理数据结构时，你经常会遇到两个类似的结构。Stack（栈）类似于习题 13 中的 SingleLinkedList，Queue（队列）类似于习题 14 中的 DoubleLinkedList。唯一的区别是，Stack 和 Queue 限制了可能的操作，从而简化了用法。这有助于减少缺陷，因为你不会不小心把 Stack 当作 Queue 使用并导致问题。在 Stack 中，节点被"推入"（push）到"顶部"（top），然后从顶部"弹出"（pop）。在 Queue 里边，节点被移位（shift）到"尾部"（tail），然后从结构的"头部"（head）反移位（unshift）。这两种操作都是简化的 SingleLinkedList 和 DoubleLinkedList 操作，其中 Stack 只允许 push 和 pop，而 Queue 只允许 shift 和 unshift。

你应该把"栈"想象成放在地板上的一摞书。想想我的书架上那种重量级的艺术书籍，如果我堆放了其中的 20 本，重量可能会达到 50 公斤。当你整理这堆书时，你不会搬起整个书堆，再把一本书放在底部，对吧？你会把这本书放在一摞书的最上面。这个"放"的动作可以用"推入"这个词来表示。如果你想从这一摞书里边拿一本书，你可以将其中的一部分拿下来，然后取出一本，但最终你可能不得不从顶部拿走一部分才能取到靠近底部的书。你的操作是从顶部位置取出每一本书，或者在我们的例子中，我们会说"从顶端弹出一本"。这就是 Stack 的工作方式，细想一下，它只是竖着存放书的一个链表而已。

想象你在银行排队的时候，队列有头有尾，这个很容易想象吧。通常银行会用栏绳做出一个通道，队尾处是队列入口，另一头是柜员的位置，也是队列的出口。你从通道的"尾部"进入队列，我们将其称之为"移位"，这是"队列"数据结构中常见的编程术语。一旦进入队列，你就不能穿插，也不能离开，不然人们就会骂你。所以，你就这么等着，随着你前面的每个人退出队列，你越来越接近可以离开队列的"头部"。一旦到达终点，你就可以退出队列，我们将其称为"反移位"。Queue 类似于 DoubleLinkedList，因为你要在数据结构的两端进行操作。

很多时候，你可以找到真实世界对应的数据结构示例，这样可以帮助你理解其工作原理。你现在应该花些时间来绘制这些场景，或者去找一摞书测试操作一下。试想一下，你还能找到多少种类似于栈和队列的真实场景？

习题挑战

　　我现在要把你从代码练习的挑战中解脱出来，让你依据描述实现数据结构。在这个挑战中，首先你需要使用这里的基础代码，以你对 SingleLinkedList 的了解，实现 Stack 数据结构。实现以后，你再试着从头开始，创建一个 Queue 数据结构。

　　StackNode 节点类和 SingleLinkedListNode 几乎完全相同，其实事实上我就是复制过来改了个名字而已，代码如下。

stack.py

```
1  class StackNode(object):
2
3      def __init__(self, value, nxt):
4          self.value = value
5          self.next = nxt
6
7      def __repr__(self):
8          nval = self.next and self.next.value or None
9          return f"[{self.value}:{repr(nval)}]"
```

　　Stack 的控制类和 SingleLinkedList 也很相似，只不过我使用了 top 而不是 first，这样就能匹配 Stack 的概念了，代码如下。

stack.py

```
1  class Stack(object):
2
3      def __init__(self):
4          self.top = None
5
6      def push(self, obj):
7          """Pushes a new value to the top of the stack."""
8
9      def pop(self):
10         """Pops the value that is currently on the top of the stack."""
11
12     def top(self):
13         """Returns a *reference* to the first item, does not remove."""
14
15     def count(self):
16         """Counts the number of elements in the stack."""
17
18     def dump(self, mark="----"):
19         """Debugging function that dumps the contents of the stack."""
```

现在你要面对的挑战是实现 Stack，并且为它写一个类似于习题 13 里的测试。确保你的测试覆盖了所有你能做的操作。但请记住，栈上的 push 必须位于顶部，因此必须要链接到顶部。

有了一个能用的 Stack 后，你就可以实现 Queue 了，不过你要基于 DoubleLinkedList 实现。在实现 Stack 的过程中，你应该知道了它和 SingleLinkedList 的内部结构基本一样，你只是制定了允许执行哪些函数。实现 Queue 也一样，花时间画一下 Queue 是如何工作的，然后弄清楚它是怎样限制 DoubleLinkedList 操作的。搞清楚以后，就去创建你自己的 Queue 吧。

破坏代码

要破坏这些数据结构，你只要不按规则来就可以了。看一下如果一个操作用在错误的一端会发生什么。

你或许已经注意到，可能会存在"差一错误"的风险。在我的设计中，当结构为空时，我设置了 self.top = None。这意味着，当你到达 0 个元素时，你必须要特殊处理一下 self.top。另一种方法是让 self.top 始终指向 StackNode（或任何节点），当只剩最后一个元素时，就会认为结构是空的。试试看，看一下修改后你的实现会变成什么样子。这样修改是更容易出错还是更不容易出错？

进一步研究

这些数据结构有很多操作是非常低效的。回顾一下你为每个数据结构编写的代码，并尝试推测哪些函数最慢。有了想法以后，就试着解释一下它们为什么会很慢。再去研究一下其他人对这些数据结构的看法。在习题 18 和习题 19 中，你将学习对这些数据结构进行性能分析，并对其进行调优。

最后，你是真的需要实现一个全新的数据结构，还是简单包装一下 SingleLinkedList 和 DoubleLinkedList 数据结构就可以了？这会让你的设计有一些什么样的改变？

冒泡排序、快速排序
和归并排序

你 现在将尝试为自己的 DoubleLinkedList 数据结构实现排序算法。在描述中，我将使用"数字列表"来表示随机物件的列表。可以是扑克牌、数字纸牌、名单列表，或其他你可以排序的东西。对数字列表进行排序时有以下 3 种常用方法。

- 冒泡排序（bubble sort）：如果你完全不懂排序的话，也许这是你首先会采用的一种排序方法。你只要遍历列表，发现排序错误的地方就交换一下位置。持续循环和交换，直到遍历时发现无须再交换了，就说明你排序完成了。这种排序很好懂，不过速度特别慢。

- 归并排序（merge sort）：这种排序算法会把列表一分为二，再一分为四，然后持续分区，直到无法再分为止。然后它再把这些分区合并起来，但是在合并的时候会去检查每个分区的排序，从而实现最终排序正确。这个算法挺聪明的，针对链表很好用，但对于固定大小的数组就不太好用，因为你需要类似 Queue 的东西来追踪各个分区。

- 快速排序（quick sort）：它和归并排序类似，因为它也是一种"分而治之"的算法，不过它的做法是在分区位置点周围进行元素交换，而不是分割列表再合并列表。最简单的情况是你选择一个上下范围和一个分区点，然后交换上面大于分区点的和下面小于分区点的元素。然后你在交换过的集合中再选择一个新的上下范围和分区点，重复上述行为。这样就会把列表分成小块，但它并不会像归并排序一样把它们真正分开。

习题挑战

本习题的目的是学习如何实现基于"伪代码"的算法。你需要去研究我提供的参考文献（主要是维基百科），学习算法，然后利用伪代码来实现它们。我会在这里快速演示前两个，但视频里我会讲得更详细。你的工作就是自己实现快速排序算法。首先让我们看看维基百科中"bubble sort"（冒泡排序）词条的描述。

```
procedure bubbleSort( A : list of sortable items )
    n = length(A)
    repeat
        swapped = false
        for i = 1 to n-1 inclusive do
            /* if this pair is out of order */
            if A[i-1] > A[i] then
                /* swap them and remember something changed */
                swap( A[i-1], A[i] )
                swapped = true
            end if
        end for
    until not swapped
end procedure
```

你会发现，因为伪代码只是对算法的一个松散的描述，所以在维基百科上和在相关书籍里，不同作者的描述都不一样。你应该能够阅读这种"类似编程的语言"，并能够将其翻译成你想要的语言。这种语言有时看起来像一种叫 Algol 的旧语言，有时看起来像格式不正确的 JavaScript 或 Python 语言。你只需要猜测它的意思，然后把它翻译成你需要的语言就可以了。下面是我对这段特殊的伪代码的初始实现。

sorting.py

```
1   def bubble_sort(numbers):
2       """Sorts a list of numbers using bubble sort."""
3       while True:
4           # start off assuming it's sorted
5           is_sorted = True
6           # comparing 2 at a time, skipping ahead
7           node = numbers.begin.next
8           while node:
9               # loop through comparing node to the next
10              if node.prev.value > node.value:
11                  # if the next is greater, then we need to swap
12                  node.prev.value, node.value = node.value,
                    node.prev.value
13                  # oops, looks like we have to scan again
14                  is_sorted = False
15              node = node.next
16
17          # this is reset at the top but if we never swapped, it's sorted
18          if is_sorted: break
```

我在这里添加了额外的注释，用来帮你跟着学习。把我的代码和伪代码比较，另外你应该看到了维基百科页面中使用的数据结构和你在 DoubleLinkedList 中使用的完全不一样。维基百科中的代码是基于某种可用的数组或列表结构的。你必须把它处理为类似下面的语句：

```
if A[i-1] > A[i] then
```

使用 `DoubleLinkedList` 把它翻译成 Python：

```
if node.prev.value > node.value:
```

我们不能随意访问 `DoubleLinkedList`，所以我们必须将这些数组索引操作转换为 `.next` 和 `.prev`。当循环时，我们还必须要注意 `next` 或 `prev` 的属性是不是 `None`。这种转换需要大量的翻译、研究，并且需要猜测伪代码的语义。

冒泡排序

你现在应该花时间研究一下这个 `bubble_sort` 的 Python 代码，看我是怎样翻译它的。请务必观看视频，实时观看我的实现，同时获得更多深入的知识。你还要画图，演示一下如何在不同类型的列表（已排序列表、随机列表和重复列表等）上进行操作。一旦你理解了我是怎么做的，就可以去研究一下 `pytest` 和 `merge_sort` 算法。

test_sorting.py

```
1   import sorting
2   from dllist import DoubleLinkedList
3   from random import randint
4
5   max_numbers = 30
6
7   def random_list(count):
8       numbers = DoubleLinkedList()
9       for i in range(count, 0, -1):
10          numbers.shift(randint(0, 10000))
11      return numbers
12
13
14  def is_sorted(numbers):
15      node = numbers.begin
16      while node and node.next:
17          if node.value > node.next.value:
18              return False
19          else:
20              node = node.next
```

```
21
22       return True
23
24
25   def test_bubble_sort():
26       numbers = random_list(max_numbers)
27
28       sorting.bubble_sort(numbers)
29
30       assert is_sorted(numbers)
31
32
33   def test_merge_sort():
34       numbers = random_list(max_numbers)
35
36       sorting.merge_sort(numbers)
37
38       assert is_sorted(numbers)
```

上面这个测试代码的一个重要部分是我使用 random.randint 函数生成随机数据用于测试。这个测试不能测试许多边缘情况,这只是一个开始,我们稍后会改进它。记住,你还没有实现 sorting.merge_sort,所以你现在可以不写这个测试函数或者注释掉它。

一旦你写好了测试并写完了代码,在尝试 merge_sort 之前,再去研究一下维基百科页面并尝试一些其他版本的 bubble_sort。

归并排序

我还没准备好让你独立上手。我将再次为 merge_sort 函数重复这个过程,但是这次在看我的做法之前,我想让你先试着从维基百科的归并排序页面的伪代码下手,尝试自行实现这个算法。实现方案有几个,我使用了"自上而下"的版本:

```
function merge_sort(list m)
    if length of m <= 1 then
        return m

    var left := empty list
    var right := empty list
    for each x with index i in m do
        if i < (length of m)/2 then
            add x to left
        else
            add x to right
```

```
        left := merge_sort(left)
        right := merge_sort(right)

        return merge(left, right)

function merge(left, right)
    var result := empty list

    while left is not empty and right is not empty do
        if first(left) <= first(right) then
            append first(left) to result
            left := rest(left)
        else
            append first(right) to result
            right := rest(right)

    while left is not empty do
        append first(left) to result
        left := rest(left)
    while right is not empty do
        append first(right) to result
        right := rest(right)
    return result
```

先编写 test_merge_sort 剩余的测试用例函数，然后尝试这个实现。我会给你的一个线索是，这个算法只有在给它第一个 DoubleLinkedListNode 时效率最高。你可能还需要一种方法，从一个给定节点来计算节点数量。这是 DoubleLinkedList 目前没有实现的功能。

归并排序的作弊模式

如果你试着去实现了，现在需要参考答案，下面就是我做的结果。

sorting.py

```
1   def count(node):
2       count = 0
3
4       while node:
5           node = node.next
6           count += 1
7
8       return count
```

```
 9
10
11  def merge_sort(numbers):
12      numbers.begin = merge_node(numbers.begin)
13
14      # horrible way to get the end
15      node = numbers.begin
16      while node.next:
17          node = node.next
18      numbers.end = node
19
20
21  def merge_node(start):
22      """Sorts a list of numbers using merge sort."""
23      if start.next == None:
24          return start
25
26      mid = count(start) // 2
27
28      # scan to the middle
29      scanner = start
30      for i in range(0, mid-1):
31          scanner = scanner.next
32
33      # set mid node right after the scan point
34      mid_node = scanner.next
35      # break at the mid point
36      scanner.next = None
37      mid_node.prev = None
38
39      merged_left = merge_node(start)
40      merged_right = merge_node(mid_node)
41
42      return merge(merged_left, merged_right)
43
44
45
46  def merge(left, right):
47      """Performs the merge of two lists."""
48      result = None
49
50      if left == None: return right
51      if right == None: return left
52
53      if left.value > right.value:
54          result = right
55          result.next = merge(left, right.next)
```

```
56        else:
57            result = left
58            result.next = merge(left.next, right)
59
60        result.next.prev = result
61        return result
```

我会使用这段代码作为"小抄"，在尝试实现时快速获取线索。你还会在视频中看到我尝试从头开始重新实现代码，因此你也可以看到我会遇到并解决一些和你遇到的一样的问题。

快速排序

最后就轮到你尝试 quick_sort 实现并创建 test_quicksort 测试用例了。我建议你先使用 Python 的普通 list 类型实现一个简单的快速排序，这有助于你更好地理解它。然后，让简单的 Python 代码使用 DoubleLinkedList。记住，要花时间去解决这个问题，很明显，你还需要在 test_quicksort 中做很多调试和测试。

巩固练习

1. 要说性能，这些实现绝对不是最好的。尝试编写一些较为极端的测试，证明它们的性能确实不佳。你可能需要在算法中使用大型列表。用你的研究找出存在哪些有问题（绝对最差）的用例。例如，给 quick_sort 一个已经排好序的列表时会发生什么？

2. 先不要改进，不过你需要去研究一下各种潜在的改进方案。

3. 找一些别的排序算法，试着实现它们。

4. 能不能使用 SingleLinkedList 实现算法？Queue 和 Stack 可不可以？这个提示对你有用吗？

5. 阅读相关资料，了解这些算法的理论速度。你会看到关于 $O(n^2)$ 或 $O(n\log n)$ 之类的说法，它们表示在最坏情况下算法效率是这样的。本书不会讨论如何计算一个算法的"大 O"值，不过我们会在习题 18 中简短讨论一下这些测量方法。

6. 我把这些实现为单独的模块，但是，把它们作为函数添加到 DoubleLinkedList 中会不会更简单？如果这样做，你是否需要将该代码复制到其他适用的数据结构中？对于如何使这些排序算法适用于任何"链表式数据结构"，我们并没有做出设计决定。

7. 不要再使用冒泡排序了。我在这里介绍它，是因为你会经常在劣质代码中看到它，也是因为我们要在习题 19 中做提升性能练习。

字典

你应该已经熟悉 Python 的 dict 类了。例如,下面这样的代码就使用了 dict,用它把车的牌子('Toyota'、'BMW'、'Audi')和数量(4、20、10)关联起来:

```
cars = {'Toyota': 4, 'BMW': 20, 'Audi': 10}
```

这个数据结构你应该已经能熟练使用了,你甚至都不会去想它的原理。在本习题中,你将学习如何利用你创建好的数据结构自己实现 Dictionary(字典)。你的目标是基于我这里给出的代码实现你自己的 Dictionary。

习题挑战

在本习题中,你需要充分记录和理解我编写的每一段代码,然后尽可能凭借记忆编写自己的代码。这个习题的目的是学习剖析和理解一段复杂的代码。能够内化或记忆创建类似 Dictionary 这样的简单数据结构的内容是很重要的。我发现,学习剖析和理解一段代码的最好方法,是根据自己的学习和记忆来重新实现它。

把它看作是一个"原版复制"(master copy)类。原版复制这一术语来自绘画——你把别人的高水平的作品拿来并试图复制它。这样能教会你高手是如何画的,从而提高你的技能。写代码和绘画很相似,因为所有的信息都准备好了,你可以通过复制别人的作品,轻松地向别人学习。

创建"代码的原版副本"

要创建一个"代码的原版副本",你需要遵守下面的流程,我把它叫作 CASMIR 流程。

1. 复制(Copy)代码,让它能够工作,跟你平时的做法一样。你的复制需要完全一致。这样可以让你弄懂它,并强制你仔细学习。

2. 使用注释注解(Annotate)代码,写下你对代码的分析,确保每一行代码及其作用你都弄明白了。为了把整个概念理顺,也许你需要跳到你写的其他代码里边去看。

3. 总结(Summarize)大致结构,用简洁的笔记记下代码的原理。也就是用一个函数清单阐明每个函数的功能。

4. 记住（Memorize）这个简洁的算法描述，还要记关键的代码。

5. 实现（Implement）你记住的东西，如果忘记了一些细节，就回去看你的笔记和原始代码，多记住一些东西再继续。

6. 重复（Repeat）这一过程，多次重复，直到你能够凭借记忆实现它为止。你凭借记忆做出来的结果不需要和原始内容完全一致，不过要很接近，并能通过你一开始创建的测试。

这样做会让你更深入地理解数据结构的工作原理，而且更重要的是，它还会帮助你内化并回顾数据结构的功能。你将能够理解概念，并且能够在需要时独立实现该数据结构。这也会训练你的大脑，让它将来可以记住其他数据结构和算法。

警告　唯一的警告是：这是一个非常不成熟、愚蠢而且低效的 Dictionary 实现。你只是复制了一个简化的 Dictionary，它具有所有的基本功能，但需要大量的改进。在习题 19 中研究性能调优时，我们会做这些改进。现在，你只需要实现这个简单的版本，这样你就可以了解这个数据结构的基础知识。

复制代码

首先我们来看一下你要复制的 Dictionary 的代码。

dictionary.py

```
1    from dllist import DoubleLinkedList
2
3    class Dictionary(object):
4        def __init__(self, num_buckets=256):
5            """Initializes a Map with the given number of buckets."""
6            self.map = DoubleLinkedList()
7            for i in range(0, num_buckets):
8                self.map.push(DoubleLinkedList())
9
10       def hash_key(self, key):
11           """Given a key this will create a number and then convert it to
12           an index for the aMap's buckets."""
13           return hash(key) % self.map.count()
14
15       def get_bucket(self, key):
16           """Given a key, find the bucket where it would go."""
```

```
17              bucket_id = self.hash_key(key)
18              return self.map.get(bucket_id)
19
20      def get_slot(self, key, default=None):
21          """
22          Returns either the bucket and node for a slot, or None, None
23          """
24          bucket = self.get_bucket(key)
25
26          if bucket:
27              node = bucket.begin
28              i = 0
29
30              while node:
31                  if key == node.value[0]:
32                      return bucket, node
33                  else:
34                      node = node.next
35                      i += 1
36
37          # fall through for both if and while above
38          return bucket, None
39
40      def get(self, key, default=None):
41          """Gets the value in a bucket for the given key, or the default."""
42          bucket, node = self.get_slot(key, default=default)
43          return node and node.value[1] or node
44
45      def set(self, key, value):
46          """Sets the key to the value, replacing any existing value."""
47          bucket, slot = self.get_slot(key)
48
49          if slot:
50              # the key exists, replace it
51              slot.value = (key, value)
52          else:
53              # the key does not, append to create it
54              bucket.push((key, value))
55
56      def delete(self, key):
57          """Deletes the given key from the Map."""
58          bucket = self.get_bucket(key)
59          node = bucket.begin
60
61          while node:
62              k, v = node.value
63              if key == k:
```

```
64                    bucket.detach_node(node)
65                    break
66
67       def list(self):
68           """Prints out what's in the Map."""
69           bucket_node = self.map.begin
70           while bucket_node:
71               slot_node = bucket_node.value.begin
72               while slot_node:
73                   print(slot_node.value)
74                   slot_node = slot_node.next
75               bucket_node = bucket_node.next
```

  这段代码使用了现有的 `DoubleLinkedList` 代码来实现 `dict` 数据结构。如果你不能完全理解 `DoubleLinkedList`，那么你应该尝试我给你的原版复制流程，试着更好地理解它。一旦你确定自己理解了 `DoubleLinkedList`，你就可以键入这里的代码并让它工作。请记住，在开始注解之前，它必须是一个完美的副本。如果你复制错了，结果还加了注解，那这件事就太悲惨了。

  为了帮你弄对代码，我还写了一点儿简单的测试脚本，代码如下。

test_dictionary.py

```
1  from dictionary import Dictionary
2
3  # create a mapping of state to abbreviation
4  states = Dictionary()
5  states.set('Oregon', 'OR')
6  states.set('Florida', 'FL')
7  states.set('California', 'CA')
8  states.set('New York', 'NY')
9  states.set('Michigan', 'MI')
10
11 # create a basic set of states and some cities in them
12 cities = Dictionary()
13 cities.set('CA', 'San Francisco')
14 cities.set('MI', 'Detroit')
15 cities.set('FL', 'Jacksonville')
16
17 # add some more cities
18 cities.set('NY', 'New York')
19 cities.set('OR', 'Portland')
20
21
22 # print some cities
23 print('-' * 10)
```

```
24    print("NY State has: %s" % cities.get('NY'))
25    print("OR State has: %s" % cities.get('OR'))
26
27    # print some states
28    print('-' * 10)
29    print("Michigan's abbreviation is: %s" % states.get('Michigan'))
30    print("Florida's abbreviation is: %s" % states.get('Florida'))
31
32    # do it by using the state then cities dict
33    print('-' * 10)
34    print("Michigan has: %s" % cities.get(states.get('Michigan')))
35    print("Florida has: %s" % cities.get(states.get('Florida')))
36
37    # print every state abbreviation
38    print('-' * 10)
39    states.list()
40
41    # print every city in state
42    print('-' * 10)
43    cities.list()
44
45    print('-' * 10)
46    state = states.get('Texas')
47
48    if not state:
49      print("Sorry, no Texas.")
50
51    # default values using ||= with the nil result
52    # can you do this on one line?
53    city = cities.get('TX', 'Does Not Exist')
54    print("The city for the state 'TX' is: %s" % city)
```

我要求你完整录入代码，在你进入原版复制的下一阶段时，你就可以把它变成一个官方的自动化测试，然后用 pytest 运行它。现在只要让这个脚本工作起来，以便让 Dictionary 类工作，你可以在下一阶段再去清理它。

注解代码

确保你的代码副本和我的代码完全相同，并且能通过测试。然后你就可以开始注解代码并研究每一行，以了解每行代码的功能了。做这件事有一个很好的方法，那就是编写一个“官方”的自动化测试，然后一边写代码一边注释。使用 dictionary_test.py 脚本，将每个部分分别转换为一个小测试函数，然后随时为 Dictionary 类添加注解。

例如，`test_dictionary.py` 中的第一部分测试会创建一个字典，并执行一系列 `Dictionary.set` 调用。我会将其转换为 `test_set` 函数，然后在 `dictionary.py` 文件中注解 `Dictionary.set` 函数。当你注释 `Dictionary.set` 函数时，你必须深入理解 `Dictionary.get_slot` 函数，然后是 `Dictionary.get_bucket` 函数，最后是 `Dictionary.hash_key` 函数。这会强迫你只通过阅读一个测试就有组织地注解和理解 `Dictionary` 类中的一大块代码。

总结数据结构

你现在可以总结一下你在注解 `dictionary.py` 中的代码，以及将 `dictionary_test.py` 文件重写为一个真正的 `pytest` 自动化测试的过程中学到了什么。你的总结应该是对这个数据结构的一个清晰而简短的描述。如果你可以把它写在一张纸上就更好了。并不是所有的数据结构都可以被简明扼要地总结，但小段的总结可以帮助你记住它。你可以使用图表、图画、文字或其他任何有助于你记忆的方式。

总结的目的是为你提供一组能够快速查阅的笔记，然后你可以在下一步记忆时加上更多细节。总结不一定包括所有内容，但应包含一些触发对"注解"阶段代码的记忆的部分，然后再触发你对"复制"阶段的记忆。这就是所谓的"分块"，你可以将更多详细的记忆和信息附加到小块信息中。在撰写摘要时请记住这一点：少就是多，但太少就变得没用了。

记住总结

你需要尽可能记住总结和带注解的代码，这里我会给出一个记忆的基本过程，你可以先使用它。老实说，记住复杂的事情对每个人来说都是一个艰难的试错过程，但是下面的一些技巧可以帮助你。

1. 确保你有一摞纸，并且打印出了总结内容和代码。

2. 用 3 分钟简单阅读摘要并试图记住它。静静地盯着它，大声地读出来，读完之后再闭上眼睛重复你读的东西，你甚至可以试着记住纸上文字的"形状"。这听起来很疯狂，但相信我，它完全有效。你的大脑在记忆形状方面的能力超乎你的想象。

3. 把总结倒扣在桌上，尝试凭借记忆再写一遍，当你卡住时，把总结翻过来快速看一下，然后再把它翻过去，继续写你的总结。

4. 你凭借记忆写下（大部分）总结以后，利用你写下的总结，再花 3 分钟试着记住带注解的代码。你只需阅读总结的一个部分，然后查看代码的相应部分并尝试记住它。你甚至可以在每个小函数上花 3 分钟去记忆。

5. 花了一段时间尝试记住带注解的代码后,把代码扣在桌子上,然后利用总结的内容,尝试回忆你的代码。如果你卡住了,就快速翻转注释看一下。

6. 继续这样做,直到你可以在纸上写出一个好的代码副本为止。你纸上的代码不一定是完美的 Python 代码,但要非常接近原始代码。

　　这似乎是不可能做到的,但当你这样做时,你会对自己记忆内容的能力感到惊讶。你完成了这个任务之后,你也会对自己理解字典概念的能力感到惊讶。这不是简单的死记硬背,而是建立一个概念图,当你尝试自己实现 Dictionary 时,这一概念图让你可以真正应用自己的理解。

警告　如果你是那种一提到背诵东西就感到焦虑的人,那么这个练习对你将是一个巨大的帮助。按流程记忆某些事物有助于克服记忆某个主题时的挫败感,你会看到自己缓慢改善的过程,而不是持续失败的过程。当你这样做时,你会找到一些方法和技巧,使自己的记忆效果慢慢改善。你一定要相信我,这样学东西似乎很慢,但它最终要比其他方式快得多。

凭借记忆实现

　　现在你可以坐在计算机前,将纸质笔记放在另一个房间或地板上,然后尝试凭借记忆实现代码。你的第一次尝试可能是一场灾难,但没关系。你很可能还不习惯凭借记忆实现东西,只要写下你记得的东西就好,实在想不起来的时候,就去另一个房间再多记住一些东西。跑几趟以后,你就会慢慢上路了,记住的东西也会更顺畅。多跑几趟,多看几次笔记都没有问题,关键在于多多尝试去记住代码,在于如何去提高你的技能。

　　我建议你先写下自己想到的任何东西,不管它是测试、代码,还是两者都有。然后利用你想起来的东西去实现功能,或者试着去回忆代码的其他部分。如果你记住了 test_set 函数名和几行代码,那么就把它们写下来,趁着你还记得,赶紧去写。写下来以后,就用测试代码去回忆或者实现 Dictionary.set 函数。你的目标是使用当前手头的信息去实现功能,或者回忆起更多的相关信息。

　　你还要尝试使用自己对 Dictionary 的理解来实现代码。不要简单地尝试对每一行进行相片式的准确回忆,这实际上是不可能的,因为没有人拥有照相机一般的记忆(不信可以去查一下)。大多数人拥有的都是还算可以的触发概念性理解的记忆力。你也应该是这样,使用你理解的 Dictionary 工作原理,创建你自己的程序副本。在上面的例子中,你知道 Dictionary.set 以某种方式起作用,并且你需要一种方法来获取槽(slot)和桶(bucket),这意味着你需要 get_slot 和 get_bucket 函数。你不是像照相机一样记忆每个字符,你要做的是记住所有的关键概念，然后去使用它们。

重复

本习题中最重要的一点是要多次重复，多次重复这个流程并不意味着你失败了，而是意味着你的能力在逐渐提高。你也可以针对本书中的这些数据结构的其他部分做这件事，这样你就会得到很多练习机会。就算你现在要回头记忆 100 次都没关系，最终你可能只需要 50 次，接下来就只需要 10 次，最后你就可以很容易凭借记忆实现一个 Dictionary 了。只要不断尝试，并尝试把它当作一种冥想，你就可以轻松地去做这件事情了。

巩固练习

1. 我的测试很有限，多写一些测试让它更丰富。
2. 习题 16 里的排序算法能不能帮到这里的数据结构？
3. 如果你在这个数据结构中将键和值随机化会怎样？排序算法会不会派上用场？
4. num_buckets 对数据结构有什么作用？

破坏代码

你可能已经焦头烂额了，休息一下，然后尝试破坏这些代码。这个实现很容易被数据破坏掉。有没有奇怪的边缘用例？键是只能用字符串，还是可以使用其他类型的数据？什么类型的数据作为键会出问题？最后，你有没有办法耍个手段，使它看起来像在正常工作，但实际上已经发生了一处精妙的破坏？

测量性能

在本习题中，你将学习使用多个工具来分析自己创建的数据结构和算法的性能。为了突出重点并控制习题篇幅，我们来看一下习题 16 中 sorting.py 算法的性能，然后我将在视频里分析到目前为止我们完成的所有数据结构的性能。

性能分析和调优是我最喜欢的计算机编程活动之一。我是那种一边看电视一边解线团的人，不管缠得多乱，我都要把它们理清楚。我喜欢解开复杂的奥秘，代码性能是最复杂的奥秘之一。还有一些挺好用的分析代码性能的工具，相比之下，它们使分析代码性能比调试更有趣。

在写代码的时候，除非看到特别明显的问题，否则不要轻易尝试改进。我更愿意使代码的初始版本保持简单，并且保证它可以正常工作。然后，一旦它运行良好，但速度可能很慢，我就会用分析工具分析，开始寻找方法使其变得更快，同时还不能降低它的稳定性。最后一条是关键，因为许多程序员都认为，如果代码更快，降低代码的稳定性和安全性也是可以接受的。

工具

在本习题中，我会讲到多个不一样的工具，有的是 Python 工具，有的是通用的代码性能提升工具。我们要用的工具包括：

- timeit；
- cProfile 和 profile。

确保你安装了这些工具，然后继续。把你的 sorting.py 和 test_sorting.py 复制过来，我们要在这些算法上应用这些工具。

timeit

timeit 模块并不是很有用。它所做的，只是接受字符串形式的 Python 代码，运行它并进行计时。你不能给它传递函数引用，也不能传递 .py 文件，或其他任何字符串以外的东西。我们可以通过在 test_sorting.py 的末尾写入 test_bubble_sort 函数来测试该函数需要运行多长时间：

```
if __name__ == '__main__':
    import timeit
    print(timeit.timeit("test_bubble_sort()",
        setup="from __main__ import test_bubble_sort"))
```

　　上述代码也不会输出有用的测量结果，不会告诉你为什么某个东西速度慢。我们需要一个方法来测量代码运行了多长时间，但这个方法太笨了，不好用。

cProfile 和 profile

　　下面讲的两个工具对于测量代码的性能非常有用。我建议使用 cProfile 来分析你的代码的运行时间，只有当你的分析需要更多的灵活性时才去使用 profile。要针对你的测试运行 cProfile，请更改 test_sorting.py 文件的底部，让它运行测试函数：

```
if __name__ == '__main__':
    test_bubble_sort()
    test_merge_sort()
```

　　把 max_numbers 改成像 800 这样的一个大数字，这样就能测量效果了。改好代码以后，你就可以运行 cProfile 了：

```
$ python -m cProfile -s cumtime test_sorting.py | grep sorting.py
```

　　我使用 | grep sorting.py 只是为了过滤输出结果，如果你想看完整输出，可以去掉这部分。当 max_numbers 的值为 800 时，我的计算机速度还挺快，它得到的结果如下。

ncalls	tottime	percall	cumtime	percall	filename:lineno(function)
1	0.000	0.000	0.145	0.145	test_sorting.py:1(<module>)
1	0.000	0.000	0.128	0.128	test_sorting.py:25 \ (test_bubble_sort)
1	0.125	0.125	0.125	0.125	sorting.py:6(bubble_sort)
1	0.000	0.000	0.009	0.009	sorting.py:1(<module>)
1	0.000	0.000	0.008	0.008	test_sorting.py:33 \ (test_merge_sort)
2	0.001	0.000	0.006	0.003	test_sorting.py:7 (random_list)
1	0.000	0.000	0.005	0.005	sorting.py:37(merge_sort)
1599/1	0.001	0.000	0.005	0.005	sorting.py:47(merge_node)
7500/799	0.004	0.000	0.004	0.000	sorting.py:72(merge)
799	0.001	0.000	0.001	0.000	sorting.py:27(count)
2	0.000	0.000	0.000	0.000	test_sorting.py:14 (is_sorted)

我把表头加回来了，这样你就能看到输出的意思。每个表头的含义如下。

- `ncalls`：这个函数被调用的次数。

- `tottime`：总执行时间。

- `percall`：每次调用函数的总时间。

- `cumtime`：函数累积时间。

- `percall`：每次调用的累积时间。

- `filename:lineno(function)`：涉及的文件名、行号和函数。

这些表头也可以通过-s 参数调整。我们可以快速分析一下输出。

- `bubble_sort` 调用了一次，但 `merge_node` 调用了 1599 次，而 `merge` 调用了 7500 次。这是因为 `merge_node` 和 `merge` 是递归函数，所以在处理 800 个元素的列表时，它们会产生大量的调用。

- 尽管 `bubble_sort` 的调用次数比 `merge` 或 `merge_node` 少很多，但它还是慢了很多。这符合我们对这两个算法的预期。归并排序的最坏情况是 $O(n \log n)$，但冒泡排序的最坏情况是 $O(n^2)$。如果你有 800 个元素，那么 800 log 800 大约是 5347，而 800^2 则是 640000！这些数字并不能直接翻译成运行时间，但你可以用它们做相对比较。

- `count` 函数被调用了 799 次，这很可能是一种巨大的浪费。因为 DoubleLinkedList 的实现不会跟踪元素的数量，所以每次想知道计数都必须去遍历列表。我们在 `count` 函数中使用了相同的方法，这导致了整个列表中的 800 个元素的 799 次运行。将 `max_numbers` 更改为 600 或 500，看看这里的值。注意 `count` 在我们的实现中运行了 n-1 次，这意味着我们遍历了几乎所有 800 个元素。

接下来，我们看看 `dllist.py` 的值是如何影响性能的：

```
$ python -m cProfile -s cumtime test_sorting.py | grep dllist.py
  ncalls tottime percall cumtime percall filename:lineno(function)
  1200   0.000   0.000   0.001   0.000 dllist.py:66(shift)
  1200   0.001   0.000   0.001   0.000 dllist.py:19(push)
  1200   0.000   0.000   0.000   0.000 dllist.py:3(__init__)
     1   0.000   0.000   0.000   0.000 dllist.py:1(<module>)
     1   0.000   0.000   0.000   0.000 dllist.py:1
                                       (DoubleLinkedListNode)
     2   0.000   0.000   0.000   0.000 dllist.py:15(__init__)
     1   0.000   0.000   0.000   0.000 dllist.py:13
                                       (DoubleLinkedList)
```

这里我再次添加了表头，以便你可以看到发生了什么。可以看到，与 `merge_node`、

merge 和 count 函数相比，dllist.py 函数对性能的影响不大。这很重要，因为大多数程序员都会试图优化 DoubleLinkedList 数据结构，但其实优化 merge_sort 会带来更大的好处，抛弃 bubble_sort 的好处就更大了。要始终从工作最少，但获益最大的地方去下手。

分析性能

分析性能是找哪里运行得慢，然后找出它为什么慢。这与调试类似，只不过在分析性能的时候，你需要尽量不更改代码的行为。在完成后，代码功能应该完全一样，只是运行得更快了。有时在提高性能的过程中还会发现错误，但最好不要在尝试改善性能的时候进行全新的设计，一次做一件事情就好。

在开始分析性能之前，另一件重要的事情是了解软件的需求指标。速度快通常是好事，但如果没有目标，你最终可能只是做了一些完全不必要的解决方案。如果你的系统现在的速度是每秒处理 50 个请求，而你实际上只需要每秒处理 100 个请求，那么你就没必要用 Haskell 重写它，让它达到每秒处理 200 个请求的速度。这个流程的宗旨是"少花钱多办事"，你需要依靠一些测量结果来决定你的目标。

你可以从运营人员那里获得大部分的测量结果，他们应该有很好的图表，显示了 CPU 使用率、每秒请求个数、帧速率，以及任何他们或者客户认为重要的内容。然后你可以与他们一起设计测试，用来演示需要改进性能的地方，接着你就可以改进代码，达到他们所需的目标。你也许能从系统中挤出更多性能，从而节省资金。也许你试过后得出结论，认为没有什么办法，它就是需要更多 CPU 资源。有了衡量指标，你就会明白做到什么程度就足够了，以及在什么情况下可以放弃。

分析性能最简单的流程如下。

1. 运行性能分析器来分析代码，就像我在这里使用测试工具一样。获得的信息越多越好。有关其他免费工具，请参阅"进一步研究"一节。你也可以问一下周围的人，看看他们有没有用什么别的工具分析系统速度。

2. 识别最慢和最小的代码段。不要找到一个巨大的函数就去分析它。很多时候这些函数很慢，是因为它们使用了许多其他速度很慢的函数。通过寻找最慢和最小的代码段，你更可能以最小的努力获得最大的收益。

3. 对这些慢速代码及其触及的任何代码进行代码评审，查找代码速度慢的可能原因。拥有嵌套循环？某个函数调用太频繁？先寻找简单的可能改进的地方，然后再去研究缓存这样的复杂技术。

4. 列出所有最慢的最小函数代码，通过简单修改让它们变快以后，就去找一下规律。

同样的修改是不是能应用在别的地方？

5. 最后，如果没有什么小功能可以改进了，那就去寻找可能的重大改进。也许真该完全重写一遍？尝试过简单改进后，再考虑这样做。

6. 用清单记录你尝试过的所有性能改进方案以及取得的成绩。如果不这样做，你就会不断回到你已经处理过的函数中浪费精力。

当你进行这个过程时，"最慢和最小"的概念会发生改变。在你改了一些 10 行左右的函数并使其更快以后，你就可以去看当前最慢的 100 行长度的函数了。等 100 行的函数运行得更快以后，你就可以看看正在运行的更大的函数集，并想出相应的性能优化策略。

最后，加快速度的最好方法就是什么事都不做。如果你正在对相同条件进行多重检查，就设法避免多次检查。如果你要重复计算数据库中的同一列，那就改成只执行一次。如果你在一个紧密循环中调用函数，但数据很少发生变化，那就考虑缓存或者预先计算出一张表来。在很多情况下，你可以选择提前计算并把计算结果一次性存下来，用空间换取时间。

在下一个习题中我们会用这一流程改善这些算法的性能。

习题挑战

本习题的挑战是，针对你创建的所有数据结构和算法，完成我对 bubble_sort 和 merge_sort 所做的事情。我不期望你去改进它们，但你要会记笔记、分析性能，同时写出能够展现性能问题的测试。先忍住别去改进任何问题，因为我们将会在习题 19 中提升性能。

巩固练习

1. 在你的所有代码上运行分析工具，分析一下它们的性能。
2. 把结果和数据结构及算法的理论结果比较一下。

破坏代码

试着写一个"变态"的测试，让数据结构出问题。你也许需要给它塞入大量的数据，记得使用性能分析工具看你的做法是否成立。

进一步研究

1. 看看 `line_profiler` 这个性能分析工具。它的好处是只会测量你在乎的函数性能，坏处就是你需要修改自己的代码。

2. pyprof2calltree 和 KCacheGrind 是更高级的工具，但只在 Linux 上可以用。在视频里，我演示了在 Linux 上使用它们。

提高性能

这是一个以视频为主的习题,我将演示如何改进到目前为止编写的代码的性能,但首先你应该自己尝试一下。你已经分析了习题 18 中代码的性能,所以现在是时候实施一些你的想法了。在解决简单的性能问题时,我会给你一个快速查找和更改的清单。

1. 看看有没有可以避免循环嵌套循环的重复计算。冒泡排序是这种情况的典型例子,这就是我要讲它的原因。一旦你发现冒泡排序与其他方法相比有多糟糕,就会认识到这是一种需要避免的常见模式。

2. 反复计算一些没有真正改变的东西,或者一些只要在改变时计算一次就可以的东西。在 sorting.py 和其他数据结构中使用 count() 函数就是一个很好的例子。你可以跟踪数据结构中函数的计数。每次添加元素时,都可以增加计数,每次删除时,减少计数。没有必要每次都遍历整个列表。你也可以使用这个预先计算的计数,通过检查 count == 0 来改进其他函数的逻辑。

3. 为某项工作使用了不合适的数据结构。在 Dictionary 中我使用 DoubleLinkedList 演示了这个问题。Dictionary 需要随机访问元素,至少在桶列表中需要如此。在 DoubleLinkedList 中使用 DoubleLinkedList 意味着每次你想访问第 n 个元素时,都必须经过第 n 个元素之前的所有元素。将其替换为 Python 列表可以大大提高性能。这是一个使用现有代码从更简单的数据结构创建数据结构的练习,你不一定需要做出最佳的 Python Dictionary,因为它已经有一个了。

4. 在数据结构上使用错误的算法。冒泡排序显然是错误的算法(永远别用它),但记住归并排序和快速排序好在哪里,这取决于数据结构:归并排序对于链式的数据结构非常有用,但对像 Python 的 list 这样的数组来说并不是那么好用。快速排序在 list 上更好,但在链式数据结构中不太好用。

5. 没在最佳位置优化常规操作。在 DoubleLinkedList 中,你经常会从一个桶的开始处搜索槽里的一个值。在当前的代码中,这些槽只是在数据进来时被创建出来的,并且也不确定是否随机。如果你在插入时采用排序的原则,那么找到元素会更容易、更快捷。你可以在一个槽的值大于你要找的值时停止查找,因为你知道它已经排好序了。这样做会使插入变慢,但可以加速几乎所有别的操作,因此要为你的任务选择正确的设计。如果你需要做大量的插入,这么做就不明智。但是,如果你的分析显示你只做了很少的插入，但是访问次数很多，那么这是一种加速的好方法。

6. 自己写代码，而不使用现有的代码。我们是为了学习数据结构，但在现实世界中你不会这样做。Python 已经拥有很好的数据结构，它们是被优化过的，而且已经嵌入到了语言中。你应该首先使用它们，如果性能分析表明你自己的数据结构更快，那你就写你自己的。即使那样，你也应该去找一个已经被证明有效的现有数据结构，而不是自己动手写一个。在这个练习中，写一些测试，把你实现的 `Dictionary` 和列表拿来，和 Python 内置的类型比较一下，看看你们的性能差多少。

7. 在不擅长递归的语言中使用递归。如果你把一个比 Python 栈更大的列表交给它，就会破坏 `merge_sort` 代码的功能。尝试给它一些疯狂的东西，比如 3000 个元素，然后慢慢地把它设小，直到找到 Python 刚好用完栈的位置。Python 不会做某些递归的优化，所以若不特殊留意，递归就可能失败。在这种情况下，使用循环重写 `merge_sort` 会更好，但这样做要困难得多。

这些是你在习题 18 的分析过程中应该发现的一些重要成果。现在你的任务是尝试实现它们并改进此代码的性能。

习题挑战

尝试使用你的分析和上述关于改进的建议，有条不紊地提高代码的性能。有条不紊意味着同步使用数据来确认你的改进是有效的。下面是你在本习题中要遵循的流程。

1. 选择你第一个最小、最慢的代码片段，并确保有一个测试显示它的速度有多慢。确保你做了一系列的测量，让你能了解速度。如果可以的话，采用图表来表示。

2. 尝试改进速度，然后再次运行测试。多次尝试以便从这个代码片段中挤出所有的性能提升空间。

3. 如果你在尝试更改代码后性能并没有改善，那么你需要找出你做错了什么，或者取消该更改并尝试其他方法。这很重要，因为你是基于假设修改的，所以如果你留下一个无用的代码修改，它可能会改变其他你可以改进的函数的性能。取消修改，尝试一种不同的方法，或者去看另一段代码。

4. 重新运行其他最小、最慢代码段的测量结果，以查看它们是否发生了变化。你的修复可能已经修复了其他代码，因此请重新确认你知道的东西。

5. 处理了你识别出的所有问题之后，再次运行你的性能测试，挑选新的代码片段来尝试改进。

6. 请保留第 1 步的测试（它们应该是自动化测试），因为你想避免回归。如果你看到一个函数的变化导致其他函数变慢，那么要么修复它，要么就回退修改，尝试新的方法。

进一步研究

你应该研究一下 Python Timsort 的初始邮件，以及最终在 2015 年被 EU FP7 ENVISAGE 的研究人员发现的 bug。原始邮件是在 2002 年发的，随后这个算法就实现了。它在这个 bug 被发现之前用了 13 年！当你实现自己的算法时要记住这一点，即使是大型项目的顶尖开发人员，他们的算法中也可能存在在很长时间内都没被人们发现的潜藏的 bug。另一个例子就是 OpenSSL 项目，这个项目几十年来一直有潜藏的 bug，因为每个人都相信这些代码是"专业密码技术人员"写的。事实证明，即使是顶尖的密码专家也可能编写糟糕的代码。写出正确的新算法需要特殊的技巧，我认为需要使用定理证明工具来验证正确性。除非你真有这样的背景，否则创建新的算法和数据结构可能会害了你。这里讲的算法包括密码算法和加密网络协议。实现其他人已经证明过的算法是完全没有问题的，而且这是一种很好的练习（只要你能直面自己的技术水平）。但是，不要在没有帮助的情况下自己创造数据结构。

二叉查找树

在 本习题中，我会教你把一个数据结构的语言描述转换为工作代码。你已经知道了如何使用原版复制的方法分析算法或数据结构的代码，还知道了如何读取算法的伪代码描述。现在你要将这两者结合起来，学习如何理解一个相当随意的二叉查找树的语言描述。

在开始时我要警告你，做本习题时不要去访问维基百科页面。维基百科上对二叉查找树的描述是几乎可以直接使用的 Python 代码，所以它会破坏本习题的重点。如果你遇到了困难，你可以阅读任何可以获得的资源，但首先你要尝试按照我的描述去完成。

二叉查找树必备知识

在习题 16 中，你看到了归并排序如何使用扁平的链表，并且似乎将其转换为了一棵包含排好序的部分的树。它会将列表切割成较小的部分，对左边的小值和右边的大值的部分进行排序，然后将这些部分重新组合在一起。在某种程度上，二叉查找树（BSTree）是一种直接进行上述排序的数据结构，而不会把元素专门存在列表中。BSTree 的主要用处是在插入或删除节点时，用树来预先组织 key=value 的节点对。

要实现这一点，BSTree 会从一个 key=value 的根节点开始，并给它左右两条路径（链接）。如果你插入一个新的 key=value，那么 BSTree 就会从根开始，将 key 与每个节点进行比较：如果你的新 key 比较小，就把它放在左边，如果比较大就放在右边。最终 BSTree 会在树中找到一个位置放置元素，如果你遵循原始路径，通过相同的过程去寻找，那你就能找到这个元素。之后的所有操作都是一样的做法，把键和每个节点进行比较，然后向左或向右移动，直到找到节点或到达一个死角。

从这个角度讲，BSTree 是习题 17 中的 Dictionary 的另一种实现，所以它们应该支持同样的操作。基本的 BSTreeNode 需要 left、right、key 和 value 属性来创建树状结构。你也许还需要一个 parent 属性，这取决于你的做法。然后 BSTree 需要在 root BSTreeNode 上支持如下操作。

- **get**：给定一个 key，遍历树，找出对应节点；如果搜索到死角，就返回 None。如果给定的 key 比节点的 key 小，就向左搜索；如果比节点的 key 大，就向右搜索。如果你找到了一个不存在 left 和 right 的节点，那你就完成任务了，结论就是节点不存在。你可以用递归或 while 循环来实现这个函数。

- **set**：和 get 几乎一样，只不过当你抵达死角以后，你需要把新的 BSTreeNode 节点添加到 left 或者 right 位置，这样你的树就又多了一个分枝。

- **delete**：从 BSTree 删除节点是一个复杂的操作，我会专门用一节讲 delete。简单讲就是有 3 种情况，你要删除的节点是叶节点（无子节点）、有一个子节点或者有两个子节点。如果是叶节点，直接删掉就可以了；如果有一个子节点，就用子节点取代当前节点；如果有两个子节点，那就复杂了，还是阅读后续专门讲删除的一节吧。

- **list**：遍历树，打印出所有东西。List 里很重要的一点是你可以用不同的方法遍历树，从而产生不同的输出。先左后右和先右后左，输出的内容是不一样的。如果你到了树的最底部，然后一边接近根节点一边打印，那又是另一种输出结果。你还可以从根节点一直遍历到叶节点。试试各种不同的风格，看看每一次会打印出什么样的结果。

删除

我们已经讲了，删除有 3 种情况需要处理。这里我们把要删除的节点叫作 D。

1. D 节点是一个叶节点，因为它没有子节点（没有 left 和 right），这时你可以直接从父节点中把它删掉。

2. D 节点只有一个子节点（要么是 left，要么是 right，但只有一个）。这时你只要把这个子节点的值移动到 D 节点上，然后删除子节点就可以了。这相当于用子节点取代了 D 节点（或者说，把子节点上移了一层）。

3. D 节点有 left 和 right 两个子节点，这意味着你需要进行大的改动了。首先，找到 D.right 节点的最小子节点，我们叫它 successor（继承者），把 D.key 设为 successor.key，然后使用继承者的键，对继承者的子节点执行一样的删除操作。

你很可能需要使用 find_minimum 和 replace_node_in_parent 操作来执行这两种操作。我说过，你也许还需要一个 parent 属性，这取决于你的实现。我建议你使用 parent 属性，因为在大部分情况下，这样实现起来更容易。

警告　人人都痛恨从树中删除节点，它太复杂了，就连我最喜欢的 Steven S. Skiena 的书 *The Algorithm Design Manual*（第 2 版）（Springer，2008）里也跳过了这部分内容，因为实现过程“看着有点吓人”。所以，如果你搞不定删除，也别觉得自己被打败了。

习题挑战

你要用这个故意的模糊描述来实现你的 BSTree。第一次尝试时不要看太多的参考资料，遇到困难后再去阅读其他人是如何做的。本习题的要点是试着利用一个明显很糟糕的描述来解决一个复杂的问题。

解决这个问题的诀窍是先将描述翻译成粗糙的伪代码。然后将粗糙的伪代码转换为更精确的伪代码。有了更精确的伪代码后，你就可以把它翻译成 Python 代码。要特别注意一些单词，因为一个词可能代表着 Python 中的很多东西。有时你只需要猜测一把，运行一下测试，看看是不是理解对了。

测试也是非常重要的，将"测试优先"方法应用于这个问题可能是一个好主意。你知道每一个操作应该做什么，所以你可以为它写一个测试，然后让测试工作起来。

巩固练习

1. 你可不可以写一个糟糕的测试，让插入 BSTree 的操作就像是操作一个花哨的链表？
2. 如果你删除 BSTree 的主干，会发生什么事情？
3. BSTree 和你新优化过的 Dictionary 相比性能如何？
4. 用你的性能分析和调优过程可以让 BSTree 的性能提升多少？

二分搜索

一分搜索就是在已经排好序的列表中找出一个元素。简单来讲，就是拿一个排好序的列表，持续将其一分为二，直到你找到元素，或者没找到。如果你完成了习题 20，那么这个习题就会相对简单一些。

如果要在一个排好序的数值列表中找到数值 x，我们可以这样做。

1. 找到列表（m）正中间的数值，拿它和 x 比较。

2. 若 $x = m$，你的任务就完成了。

3. 若 $x > m$，那就找从 $m + 1$ 个元素到列表结尾的中间数值。

4. 若 $x < m$，那就找从 $m - 1$ 到列表开始的中间数值。

5. 重复上述过程，直到你找到 x 或者最后只剩一个元素。

只要能用比较运算符操作的东西，都可以用这种方法搜索。字符串、数值和别的可以排序的东西，都能够这样操作。

习题挑战

你的 BSTree 应该已经有了一个 get 操作，它和二分搜索很相似。不同点在于 BSTree 已经完成了分区，所以不需要再次分区。在本习题中，你需要为 DoubleLinkedList 和 Python 的 list 实现二分搜索，把它们和 BSTree.get 放在一起做性能比较。你的目标是弄明白以下内容。

1. BSTree 和 Python 的 list 相比，找东西的效率相差多少？

2. DoubleLinkedList 的二分搜索性能有多差？

3. 为 BSTree 准备一个最坏案例，顺便让 list 的二分搜索也出现问题。

分析性能时，不要计算对数值进行排序所需的时间。在进行全局优化时这很重要，但在当前情况下，你只需要关心二分搜索的工作速度。你也可以使用 Python 的内置列表排序算法来对你的 list 进行排序，因为这不是重点。本习题只是测试这 3 种数据结构的数据搜索分别有多快。

巩固练习

1. 找出该算法需要进行的最大可能比较次数。自己先尝试弄清楚，然后研究算法以找出真正的答案。最后记住真正的答案就可以了。

2. 你的优化可不可以应用到排序算法上？

3. 试着想象一下这个算法在每个数据结构中做了什么。例如，在 DoubleLinkedList 中，你几乎可以认为它是在来回走动，直到找到答案为止。

4. 为了给自己一个额外的挑战，试着将 DoubleLinkedList 变成一个有序的链表，每次都插入到排好序的位置。现在，在性能分析中加入添加元素和对数字列表进行排序的时间，看看总体性能是如何提升的。

进一步研究

研究其他搜索算法，尤其是字符串算法。由于 Python 字符串的实现方式所限，很多字符串算法都很难在 Python 中实现，但无论如何都要试一试。

后缀数组

我想告诉你一个关于后缀数组的故事。我在西雅图的一家公司面试时，我很好奇如何最有效地创建可执行二进制文件的差异。我的研究把我带到了后缀数组和后缀树的算法上。后缀数组就是将字符串的所有后缀排序，然后放到列表中。后缀树也类似，但和列表比起来后缀树其实更像 BSTree。这些算法非常简单，并且在执行排序操作后性能很好。它们解决的问题，是找到两个字符串之间最长的公共子字符串（或者在当前情况下，找到字节列表）。

用 Python 很容易创建一个后缀数组。

习题 22　Python 会话

```
1   >>> magic = "abracadabra"
2   >>> magic_sa = []
3   >>> for i in range(0, len(magic)):
4   ...     magic_sa.append(magic[i:])
5   ...
6   >>> magic_sa
7   ['abracadabra', 'bracadabra', 'racadabra', 'acadabra',
8    'cadabra', 'adabra', 'dabra', 'abra', 'bra', 'ra', 'a']
9   >>> magic_sa = sorted(magic_sa)
10  >>> magic_sa
11  ['a', 'abra', 'abracadabra', 'acadabra', 'adabra', 'bra',
12   'bracadabra', 'cadabra', 'dabra', 'ra', 'racadabra']
13  >>>
```

正如你所看到的，我只是简单地有序取出字符串的后缀做出一个列表，然后对列表进行排序。但是这对我有什么用呢？有了这个列表，我就可以通过在这个列表上进行二分搜索来找到我想要的任何后缀。这个例子非常粗糙，但在真实代码中，你可以非常快速地完成此操作，并且可以跟踪所有的原始索引，以便随后引用后缀的原始位置。它与其他搜索算法相比非常快，在 DNA 分析等方面非常有用。

回到西雅图的面试。我正在一个冰冷的屋子里面试 Java 职位，而面试我的是一个 C++ 程序员。你可以看出，这个面试不是非常有趣，我不觉得我会得到这份工作。我已经多年没写过 C++ 了，而工作用的是 Java，当时我也算得上是 Java 专家。面试官走进来问我，"怎样在一个字符串中找一个子字符串？"

太好了！这个问题我在空闲时已经研究了个透。我绝对能搞定！我跳起来，走到白板前面，解释了如何创建后缀树，讲了它为什么可以提高搜索性能，讲了怎样用修改过的堆排序让它速度变快，讲了为什么后缀树在这里好用，为什么它比三叉查找树更好，还讲了怎样用 C 实现它。我当时想，如果我能用 C 演示，这说明我不是一个只会 Java 的、没有过硬技术背景的普通码农。

面试的那人惊呆了，就像我在房间里打开了一袋新鲜榴梿。他看看白板，吞吞吐吐地说：“哦，哦，我以为你会回答 Boyer-Moore 搜索算法呢，那个你知道不？”我皱了皱眉说："知道啊，但那是差不多十年前的事情了。"然后他摇摇头，拿起自己的东西，说："好吧，我会把我的面试情况反馈回去的。"

过了几分钟，另一个面试官进来了。他看了看白板，哂笑了几下，然后又问了我一个 C++模板元编程的问题，我没答上来，也没得到那份工作。

习题挑战

在本习题中，你要把我前面的 Python 会话拿去，创建你自己的后缀数组搜索类。这个类会接收一个字符串，并将其加工成一个后缀列表，然后你可以对其进行如下操作。

- **find_shortest**：找到以当前参数开头的最短的子字符串。在上面的例子中，如果我搜索"abra"那它就应该返回"abra"，而不是"abracadabra"。
- **find_longest**：找到以当前参数开头的最长子字符串。如果我搜索"abra"它应该返回"abracadabra"。
- **find_all**：找出所有以当前参数开头的子字符串。这意味着搜索"abra"应该返回"abra"和"abracadabra"。

你需要有一个很好的自动化测试，再加上一些性能测试。我们将在后面的习题中使用它们。完成了以后，你需要完成巩固练习。

巩固练习

1. 在测试通过之后，重写代码，使用 BSTree 进行后缀排序和搜索。你还可以使用每个 BSTreeNode 的 value 来追踪子字符串在原始字符串中的位置。然后你就可以把原始字符串保存起来以供随时使用。
2. 针对不同的搜索操作，BStree 的代码有什么样的变化？是变简单了还是变难了？

进一步研究

　　一定要研究一下后缀数组及其应用。它们非常有用，但大多数程序员都不太熟悉它们。

三叉查找树

我们要学习的最后一个数据结构是三叉查找树（Ternary Search Tree）（TSTree），当你需要在一组字符串中快速查找字符串的时候，它非常有用。它与 BSTree 类似，但它不是有 2 个子节点，而是有 3 个子节点，每个子节点只包含一个字符，而不是整个字符串。在 BSTree 中，你有左、右两个子节点，用于区分树的"小于"和"大于等于"分支。而在 TSTree 中，你的左、中、右分支，分别为"小于""等于"和"大于"分支。这可以让你将一个字符串分解成字符，然后一次一个字符地遍历 TSTree，直到找到字符串或者跑到尽头。

TSTree 实际上就是用空间换取速度，把你需要搜索的潜在键分解成字符节点。每一个节点都比 BSTree 中相同的键占用了更多的空间，但是这样让你可以通过只比较所需键中的字符来查找键。使用 BSTree 时，你必须比较每个节点的搜索键和节点键中的大部分字符。但在使用 TSTree 时，你只要比较搜索键的每个字母，到达最后就完成了。

TSTree 还非常擅长的另一件事是，知道键何时在集合中不存在。假设你有一个长度为 10 个字符的键，并且你需要在一组其他键中找到该键，但是如果该键不存在，则需要立即停止搜索。使用 TSTree，你可以在搜索到一个或两个字符时就停止，到达树的末端，于是就知道这个键不存在。你最多只要比较键里的 10 个字符，就能找到答案，这比 BSTree 的字符比较次数要少得多。在最坏的情况下（也就是 BSTree 基本就是一个列表的时候），在确定键不存在之前，BSTree 可能会去比较所有节点中的键里的 10 个字符，最后才发现该键不存在。

习题挑战

在本习题中，你需要部分完成另一个原版复制，然后再自己完成 TSTree。你需要的代码如下。

tstree.py

```
1   class TSTreeNode(object):
2
3       def __init__(self, key, value, low, eq, high):
4           self.key = key
5           self.low = low
```

```
6                self.eq = eq
7                self.high = high
8                self.value = value
9
10
11   class TSTree(object):
12
13       def __init__(self):
14           self.root = None
15
16       def _get(self, node, keys):
17           key = keys[0]
18           if key < node.key:
19               return self._get(node.low, keys)
20           elif key == node.key:
21               if len(keys) > 1:
22                   return self._get(node.eq, keys[1:])
23               else:
24                   return node.value
25           else:
26               return self._get(node.high, keys)
27
28       def get(self, key):
29           keys = [x for x in key]
30           return self._get(self.root, keys)
31
32       def _set(self, node, keys, value):
33           next_key = keys[0]
34
35           if not node:
36               # what happens if you add the value here?
37               node = TSTreeNode(next_key, None, None, None, None)
38
39           if next_key < node.key:
40               node.low = self._set(node.low, keys, value)
41           elif next_key == node.key:
42               if len(keys) > 1:
43                   node.eq = self._set(node.eq, keys[1:], value)
44               else:
45                   # what happens if you DO NOT add the value here?
46                   node.value = value
47           else:
48               node.high = self._set(node.high, keys, value)
49
50           return node
51
52       def set(self, key, value):
```

```
53          keys = [x for x in key]
54          self.root = self._set(self.root, keys, value)
```

你需要使用原版复制方法来研究以上代码。要特别注意如何处理 `node.eq` 路径以及如何设置 `node.value`。了解了 `get` 和 `set` 的工作方式以后，你就可以实现其余的功能和所有的测试了。要实现的函数如下。

- **find_shortest**：给定一个键 K，找出最短的以 K 开头的键/值配对。也就是说，如果你的 set 里有"apple"和"application"，那么调用 `find_shortest("appl")` 会返回"apple"以及它关联的值。

- **find_longest**：给定一个键 K，找出最长的以 K 开头的键/值配对。以"apple"和"application"为例，调用 `find_longest("appl")` 应该返回"application"以及它关联的值。

- **find_all**：给定一个键 K，找出所有以 K 开头的键/值配对。我会先实现这个函数，然后基于它实现 `find_shortest` 和 `find_longest`。

- **find_part**：给定一个键 K，找出至少包含 K 的部分初始内容的最短的键。研究一下如何通过设置 `node.value` 实现这个功能。

巩固练习

1. 看看原始代码中的注释，关注一下在 `_set` 的时候把 `value` 放到了哪里。这样会不会改变 `get` 的意思？为什么？

2. 确保你用随机数据测试了你的代码，并且创建了性能测试代码。

3. 你还可以在 `TSTree` 里做部分匹配。这个可以当作加分题去做，试着实现一下。部分匹配的意思是你可以在 `apple`、`anpxe` 和 `ajpqe` 上面匹配 `a.p.e`。

4. 怎样搜索字符串的结尾？提示：别想多了。

快速 URL 搜索

我们将结束关于数据结构和算法的部分，并将性能测试挑战实际应用于数据结构。我写过几个 Web 服务器，有一个长期面对的问题，那就是如何将 URL 路径与"操作"相匹配。你会在每个 Web 框架、Web 服务器，以及任何必须基于分级键"路由"访问信息的系统中面对这个问题。当你的 Web 服务器接收到 URL /do/this/stuff/时，它必须确定各个部分是否与某种操作或配置相关。如果你在/do/配置了一个 Web 应用程序，那么你的 Web 服务器应该怎么处理/this/stuff/？它是该认为这是一个失败呢，还是应该将其传递给 Web 应用程序？如果在/do/this/位置有一个目录该怎么办？而且，怎样才能快速检测到错误的 URL，从而避免处理不存在的巨大请求？

这种分级搜索经常出现，这是对你在问题中应用算法和数据结构的能力的最终检测，也是对你完成性能分析的能力的检测。

习题挑战

首先，确保你了解了 URL 是什么以及如何使用它们。如果你不了解，那么我建议你花时间去写一个 Flask 小应用，给它添加一些复杂的路由。你要实现的路由就是这样的。

然后你要做下面的事情。

1. 创建一个简单的 URLRouter 基础类，你的所有实现都会是它的子类。你要对 URLRouter 做如下操作。

   a. 添加一个新的 URL 以及关联的对象。

   b. 获取 URL 的完整匹配。搜索/do/this/stuff/，返回的必须是完全匹配它的内容。

   c. 获取 URL 的最佳匹配。搜索/do/this/stuff/，如果只匹配到了/do/，那就返回它。

   d. 获取所有用这个 URL 开头的对象。

   e. 获取 URL 的最短匹配对象。搜索/do/this/stuff/，应该返回/do/而非/do/this/。

   f. 获取 URL 的最长匹配对象。搜索/do/this/stuff/，应该返回/do/this/而

非/do/。

2. 使用 `TSTree` 创建 `URLRouter` 的一个子类，然后测试它，使用 `TSTree` 应该是最简单的方法。确保测试下面的内容。

    a. 长度不同的随机 URL 和路径，包括 `TSTree` 中的，也包括你要搜索的。

    b. 只找出不同情况下的部分路径。

    c. 完全不存在的路径。

    d. 存在或者不存在的超长路径。

3. 写好子类并且在测试通过以后，把你的测试泛化，这样你就可以在将来的所有实现中使用它。

4. 然后试着使用 `DoubleLinkedList`、`BSTree`、`Dictionary` 以及 **Python** 的 `dict` 去实现。确保你的泛化测试在这些子类上也可以运行。

5. 写好以后，试着针对每种实现的各种不同操作进行性能分析。

我们的目标是看一下 `TSTree` 与其他数据结构相比有多快。它可能会击败其中的大部分对手，但也许 **Python** 的 `dict` 将在大多数时间赢得胜利，因为它是针对 **Python** 优化过的。你也可以预先猜测一下，看看能不能猜出针对每个操作，哪个数据结构的性能最好。

巩固练习

1. 我没有提到 `SuffixArray`，因为它和 `TSTree` 类似，但如果你要用 `SuffixArray` 实现，那你也需要使用一样的操作。完成以后拿 `SuffixArray` 和别的数据结构比较一下性能。

2. 研究一下你最喜欢的 Web 服务器或者 Web 框架是怎样实现这部分功能的。你会发现，尽管三叉查找树非常有用，但在写 URL 处理的程序员里边知道它的其实并不多。

进一步研究

我强烈推荐 Steven S. Skiena 的 *The Algorithm Design Manual*（第 2 版）（Springer, 2008）一书，如果你想要深入了解算法和数据结构的话可以看看。这本书里用的是 C 语言，所以也许你还要先去看看《"笨办法"学 C 语言》一书，然后才能看懂上面提到的这本书。除这一点以外，这本书其实还是很不错的，里边不但讲了理论而且讲了实践，是一本讲如何实现算法和数据结构，以及如何分析其性能的好书。

第四部分　中阶项目

在第三部分中，你学习了数据结构和算法的基础知识，但更重要的是，你学会了审计和测试代码。注意，你还没有审计并测试你自己的代码。你只是用我教的方式评审了我的代码缺陷。第四部分的目标是通过一组挑战模式项目将审计的目光转向到你自己的代码上。在接下来的 5 个项目中你有以下任务。

1. 用 45 分钟的时间段写代码，创建项目，并让它运行起来。

2. 用你在第三部分学到的审计方法找出你的实现中潜在的缺陷和问题。

3. 在接下来的 45 分钟，继续清理并扩展你的代码，让它成为一个正式项目。

4. 审计这 45 分钟的工作并优化它。

这几个 45 分钟的时间段与你的第一批项目之间的唯一区别是，你不需要对时间要求得那么严格了。45 分钟只是一个概念，以确保你不会在评审代码之前花太长时间。但是，在一个好点子实现一半时去评审代码是没有意义的。显然，写了一半的代码不会得到很好的评审结果。关键是工作大约 45 分钟，等你到达一个停止点之后再评审你做的事情。

在本部分中，你需要参考第三部分里的清单并严格遵守。在进行审计之前休息 10～15 分钟是件好事，这样你就可以头脑清醒地转入批判性思维模式。

当你在这些项目上工作时，我会对可能用到的算法提出建议。你不必使用你实现的算法，但为了看看它们的原理，你应该试一下。你的实现有可能不如 Python 现有的数据结构（list 和 dict）好，因为 Python 的数据结构在速度方面已被高度优化过了。尝试使用算法仍然是一个很好的练习，这样你就可以知道什么时候该使用它们，以及怎样检查它们是否合适。

跟踪代码缺陷

最后，你需要跟之前一样，跟踪你的代码的缺陷率。你在第二部分中跟踪完成的功能时，需要跟踪在审计中发现的缺陷数量以及它们的缺陷类型。在你的日志中创建一个表格，在顶部标明缺陷类型，左侧标明时间，记录你统计的数据。如果使用电子表格，你还可以直接绘制结果图表。跟踪这些缺陷的目的，是找出你在编程期间经常犯的错误，以便阻止它们，或者在审计中监控它们。

xargs

我们回到挑战模式练习，你要实现 xargs，把它当作热身吧。这应该是一个简单的实现，但是 xargs 也可能很复杂，因为你需要启动其他程序才能使它工作。你需要研究的 Python 模块是 subprocess，它可以从 Python 里运行其他程序，并收集它们的输出。你需要了解该模块以完成 xargs 以及本书后面的许多其他项目，所以仔细研究一下吧。

习题挑战

花 45 分钟时间来实现 xargs，做出一些你可以用来审计的东西。记住，第一个阶段的目的只是让项目运行起来，而不是写出完美的东西。后续步骤会让你优化这个项目，让它变得更好。你可以输入以下命令来获取 xargs 的文档，研究一下它是怎样工作的：

```
man xargs
```

它是一个方便的 Unix 工具，但你也可以使用 find 来做几乎相同的事情。当你实现 xargs 时，试着找出它比 find -exec 有什么优势。

在 45 分钟的写代码工作之后，你应该休息一下，然后使用习题 13 中的代码审计检查表进行客观的代码审计。不要修复代码，只要写下注释，标明哪里需要改变，哪里有缺陷。在尝试解决问题的同时保持客观是很困难的，所以只需在审计中标记问题，然后在下一轮修复它们。

然后，你要执行一系列的"写代码/审计代码"的定时练习，来熟悉如何审计代码。时间可以多花一些，xargs 的功能也可以多实现一些，然后就可以继续下一个项目了。

警告 记住，在日志中跟踪你的缺陷，以便你使用趋势图观察趋势。

巩固练习

1. 在这个"写代码/审计代码"过程中，你是否发现一些地方会持续出错？把它们作为潜在的可以提高的方面记录下来。

2. 在你的"写代码/审计代码"流程中，是否有一些位置的缺陷特别多或者特别少？是不是一开始问题多，在三四次练习后就好多了？为什么会这样？

3. 尝试为 xargs 的实现编写自动化测试，看看是否会降低你的代码的缺陷率。在习题 26 中，你将进行一个和这个问题类似的更可控的测试学习，你也可以现在试试，看一看你会有什么发现。

hexdump

你已经用 xargs 做了一个热身，执行了"写代码/审计代码"的循环。现在你将尝试使用"测试优先"方法完成下一个挑战。在这个流程里，你要先编写描述预期行为的测试，然后实现该行为并让测试通过。你将复制 hexdump 实用程序，并尝试将你的版本的输出与真实版本匹配。这是"测试优先"开发真正有用的地方，因为它自动地模仿了另一个软件的过程。

这个技巧最适用的场合是你需要重写劣质程序代码的时候。软件编程人员的一项常见工作是更新旧系统的代码，用更现代的实现取代其中的功能。例如，用一个全新且热门的 Django 系统取代旧的 COBOL 银行系统。新系统通常比旧系统更容易使用，也更容易维护和扩展，这是重写的主要原因。如果你可以编写一组自动化测试来验证旧系统的行为，然后将该测试套件指向新系统，那么你可以确认你的替换工作是否管用。相信我，这些替换工作几乎是不可能的，并且通常不会成功，但自动化测试会对它有所帮助。

在本习题中，你要向自己的流程中添加如下内容。

1. 编写一个测试用例，让它运行原始的 hexdump 来执行你要实现的某一功能，例如 -C 选项。你需要使用 subprocess 来启动它，也可以提前运行它，并将结果保存在文件中供你加载。

2. 编写代码使测试通过，让测试运行你写的 hexdump 版本，然后比较结果。如果它们不一样，那么你的实现就不正确。

3. 审计测试代码和你的代码。

我之所以选择 hexdump，是因为它的难点在于复制其奇怪的查看二进制数据的输出格式。它的工作原理并不是太复杂，只是你需要让你的程序的输出与原始程序的输出相匹配。这有助于你实践"测试优先"的方法。

警告 当我说"先写一个测试"时，我不是要你写一个完整的大型 test.py 文件，里边包含所有函数和大量虚构代码，而是让你用我教过的方法，先写一个小测试用例（可能只是一个测试函数的十分之一），再编写代码使其工作，然后在两者之间来回。你对代码的了解越深，你可以编写的测试用例就越多，但是不要编写大量无法实际运行的测试代码，增量式完成你的工作就好。

习题挑战

当你想要查看非可见文本文件的内容时，hexdump 命令非常有用。它可以用各种有效的格式显示文件中的字节，包括十六进制和八进制，还可以把 ASCII 的输出显示在侧面。实现你自己的 hexdump 的难点不在于读取数据，也不在于将数据转换为不同的格式。你可以使用 Python 中的 hex、oct、int 和 ord 函数轻松完成这些事情。原始格式字符串运算符也很有用，因为这个命令还有参数用来显示固定精度的八进制和十六进制格式。

真正的难点在于针对每个不同参数对输出进行正确的格式化，并使输出正确地适配屏幕。以下是 Python 的 .pyc 文件用 hexdump -C 输出的前几行：

```
00000000 03 f3 0d 0a f0 b5 69 57  63 00 00 00 00 00 00 00 |......iWc.......|
00000010 00 03 00 00 00 40 00 00  00 73 3a 00 00 00 64 00 |.....@...s:...d.|
00000020 00 64 01 00 6c 00 00 6d  01 00 5a 01 00 01 64 00 |.d..l..m..Z...d.|
00000030 00 64 02 00 6c 02 00 6d  03 00 5a 03 00 01 64 03 |.d..l..m..Z...d.|
00000040 00 65 01 00 66 01 00 64  04 00 84 00 00 83 00 00 |.e..f..d........|
```

手册页对这种经典格式的描述如下。

1. 用十六进制显示输入偏移量。所以 10 不是十进制的 10，而是十六进制的 10。十六进制你懂吧？

2. 用空格分开的十六进制的 16 字节，这 16 字节分成 2 列。也就是说，每个字节都转换为十六进制。那么，几列表示一个字节呢？

3. 用 %_p 格式显示出来的相同的 16 字节，这个符号有点儿像 Python 的格式说明符，但其实它是 hexdump 的专用符号。你需要阅读手册页，才能知道它是什么意思。

然后 hexdump 也可以通过 stdin 接收输入，这意味着你可以把某些东西输入给它：

```
echo "Hello There" | hexdump -C
```

在我的 macOS 系统上生成如下内容：

```
00000000  48 65 6c 6c 6f 20 54 68  65 72 65 0a      |Hello There.|
0000000c
```

注意到带有 c 字符的最后一行了吗？我想，需要找出那是什么。

这种格式化和输出很难，你的任务就是尽可能地复制它，这就是在本习题的开始决定了你以测试优先的方式进行测试的原因。创建测试可以更容易地将数据提供给你的 hexdump，并将其与真正的 hexdump 进行比较，直到它能用为止。

巩固练习

研究一下 od 命令，看看你的 hexdump 代码是否可以复用于实现 od。如果可以，那就建立一个它们两个都可以用的库。

进一步研究

有些人主张只做测试优先开发，但我相信没有哪种技术可以放之四海皆准。当我从用户的角度测试软件的交互时，我更喜欢先编写测试。我会先编写描述用户与软件交互的测试，然后进行软件实现。这是你在这里所做的，因为你正在测试用户如何能看到 hexdump 命令行调用的输出。

对于其他类型的编程任务，指定先编写测试还是先编写代码是荒谬的做法，这只会破坏你解决问题的能力。自动化测试只是工具，你是一个聪明人，有权尝试使用什么工具，并能判断它在什么情况下可以发挥最佳作用。如果有人说这样或那样不对，那他就是一个滥用权力的人，而且他写软件的功力实际上也不怎么样。

本习题中，我们会继续学习测试驱动开发（Test-Driven Development，TDD），测试驱动开发也称为测试优先开发（test first-style development）。这里的重点是要学会如何进行这种编程，因为许多地方都会用到它。但正如之前讲过的，它确实也有其局限性。在实现 tr 命令时，你将使用 TDD 再进行一次练习。要确保严格执行先编写测试再编写代码的顺序，然后再审计二者。

在习题 26 中，我曾让你增量式产出测试用例和代码。这通常是最不容易出错的开发方法，但它无法帮助你更好地分析自己的代码。在本习题中，你要做的事情略有不同，因为我会写一个完整的测试用例并审计它，然后写完整的代码，同样再审计它，最后通过运行测试确认你的审计结果。

这意味着，在本习题中你的流程如下。

1. 用 TDD 写一个测试用例，试着把它完整地写出来。

2. 审计测试用例，确保它的正确性。

3. 运行测试，确认它会失败，这里要找出所有的语法错误。到这里你不应该有语法错误。

4. 为测试用例编写代码，但不要运行测试。

5. 审计你的代码，看看你在运行测试之前能找出多少缺陷。

你将在习题 28 中使用这个过程来跟踪测量你的代码审计能力和测试能力的指标，并更好地控制你编写代码的方式。

习题挑战

使用 tr 工具是一个翻译字符流的好方法。尽管它非常简单，但它也可以对字符做一些非常复杂的事情。例如，可以使用下面的 tr 命令来获取 history 中使用的单词的频率：

```
history | tr -cs A-Za-z '\n' | tr A-Z a-z | sort | uniq -c | sort -rn
```

这看起来很厉害，但 Doug McIlroy 曾经使用这一行命令来佐证 Donald Knuth 编写的一个类似的程序过于冗长。Knuth 的实现有 10 页那么长，一切都是从头做出来的，而 Doug

使用的这一行只使用标准的 Unix 工具就做到了同样的事情。这证明了 Unix 的管道符和 `tr` 搭配使用，在翻译文本方面可以说是能力超群。

使用手册页和其他任何资料，找出 `tr` 命令的功能。还有一个同名的 Python 项目，但我会告诉你先别去看它，等你完成实现后再去看，并将这个项目与你的实现进行比较。另外不要忘记，你需要做出一个完整的项目。你要像我在开始时描述的那样，用 TDD 风格完成项目。

45 分钟工作时间段的利弊

我要求你继续使用 45 分钟的时间段，但是对这种工作方式有一个重要的批评声音：你无法进入长时间专注的"心流"境界中。在你需要控制节奏完成大量工作时，这样短时间段的工作方式是有效的，在工作真的很无趣的时候也有用。我让你使用 45 分钟的时间段，是为了让你调整自己的节奏，也是为了准确收集你的工作成效测量数据，用于之后的分析。

但我要提醒你，最好的编程是在行云流水中完成的。你集中注意力，数小时沉浸在问题中，忘记了时间的流逝，抬头才发现自己彻夜未眠。这种高度集中精神的体验，是编程让我感到非常愉快的原因，但只有你对自己正在做的事情非常感兴趣时，这种感觉才能真正持续。当你需要处理别人糟糕的代码库时，这样的状态往往不会出现。在这些情况下，你需要一种不同的策略来调整你的工作，并且不会让你失望。这就是 45 分钟工作时间段的用处。

最后，通过短时间集中精力，然后慢慢延长时间，直到你能长时间集中精力，这也是锻炼进入"心流"的方法之一。继续使用 45 分钟的时间段，但如果你工作到忘我的境地，最终写了几个小时的代码，那就好好享受吧。没有人会说你做错了，这实际上是很正常的。

巩固练习

1. 你感觉这种工作方式怎么样？喜不喜欢？试着表达出为什么，然后去阅读一些关于 TDD 和它的"表亲"BDD（Behavior-Driven Development，行为驱动开发）的近期文章。

2. 让你先审计代码，而非直接增量式完成项目构建，你觉得这样做以后发现的缺陷会更多还是更少？猜一下，把结果写下来。

sh

你 现在将继续你的 TDD 流程，但首先你要添加一个小的工作代码。使用 TDD 工作流程，最好的方法实际上不是先写测试，而是像下面这样做。

1. 花 45 分钟时间用写代码的方式研究一下问题，这个过程叫"研究测试"，是为了让你为可能遇到的问题找到答案，或者研究自己不懂的地方。

2. 使用待办事项列表的方式，写下你可能需要实现的东西。

3. 把这份计划转换为一个 TDD 测试。

4. 写测试，确保它会失败。

5. 使用你在研究测试阶段的研究结果，为测试写代码。

6. 审计你的代码和测试代码，确保质量没问题。

我所看到的 TDD 狂热分子，在遇到他们以前没有研究过的问题时，实际使用的也是这样的流程。钻研代码也是很实用的，通过快速的代码实现，你可以让脑子先运转起来，方便接下来的工作。如果有人告诉你这不是 TDD，就不要告诉他们你先做了一个研究测试。天知地知你知我知，这样就好。

习题挑战

在本习题中，我会实现 Unix sh 工具的 shell 部分。只要你写代码，你就会用到 sh，它就是命令行终端执行的东西（不过 PowerShell 不一样），它会为你运行别的程序。常见的 shell 命令是 bash，但也可能是 fish、csh 或者 zsh。

sh 工具是一个很庞大的程序，因为它还支持一个可以实现系统自动化的完整编程语言。我们不需要实现这个编程语言，只要实现命令行执行命令的部分。

要完成这个任务你需要以下代码库。

1. subprocess，用来加载程序。

2. readline，用来获取用户输入及支持历史。

你不需要完整实现 Unix 的 sh，你的实现不需要包含管道符操作和别的东西，但你要有能力实现编程语言之外的几乎所有东西。你的实现需要有以下功能。

1. 开始显示一个命令提示符，使用 `readline` 接收用户输入的要运行的命令。

2. 解析命令，将其分解为可执行的命令和参数。

3. 使用 `subprocess` 加载带有参数的命令，然后控制输出。

一开始你可以先用研究测试来研究一下 `readline` 或者 `subprocess`，不熟悉哪个就看看哪个。结束研究测试后，就开始写测试，并实现系统功能。

巩固练习

你可以实现管道吗？也就是说，在你录入 `history | grep python` 这个命令时，`|` 会把 `history` 的输出作为 `grep` 的输入发送过去。

进一步研究

如果想多学习一下 Unix 的进程和资源管理，你可以研究一下我的 GitHub 上的 python-lust 项目。这个项目不是很大，里边有各种各样的小技巧。

diff 和 patch

要完成第四部分，只需要在一个更复杂的项目上使用这个你可能还不熟悉的 TDD 流程。参考习题 28，确认自己知道并能严格遵循这个流程。需要的话，你可以把要做的事情列一个检查表作为参考。

警告 *当你实际工作时，这些严格的流程就不是很有用了。目前你正在学习并且内化这个流程，以便你可以在现实世界中使用它。这就是我要求你严格遵循它的原因。这只是为了练习，所以当你做实际工作时，不要成为它的狂热信徒。本书的目的是教你一套完成工作的策略，而不是教你一个宗教仪式让你到处宣讲。*

习题挑战

diff 命令会接收两个文件，并生成第三个文件（或输出），其中包含了第一个文件变成第二个文件的变化部分。它是 git 和其他版本控制工具的基础。在 Python 中实现 diff 是相当简单的，因为有一个库可以帮你做，因此你不需要处理算法（这可能非常复杂）。

patch 工具是 diff 工具的伴侣，因为它可以接收.diff 文件，并将其应用于另一个文件，从而生成第三个文件。这样你就可以接收你在两个文件中做的改动，运行 diff 只产出变化的部分，然后把该.diff 文件发给某个人，这个人就可以使用他们的文件的原始副本和你的.diff 文件用 patch 来重建你的改动。

下面是一个示例工作流程，它演示了 diff 和 patch 是如何工作的。我有两个文件，即 A.txt 和 B.txt。A.txt 文件包含一些简单的文本，然后我复制了它并通过一些修改创建了 B.txt：

```
$ diff A.txt B.txt > AB.diff
$ cat AB.diff
2,4c2,4
< her fleece was white a mud
< and every where that marry
< her lamb would chew cud
----
> her fleece was white a snow
```

```
> and every where that marry went
> her lamb was sure to go
```

这会产生文件 AB.diff，它里边包含了从 A.txt 到 B.txt 的变化。你可以看到，它是对我不押韵位置的一处修改。一旦拥有了这个 AB.diff，你就可以使用 patch 来应用这些改变：

```
$ patch A.txt AB.diff
$ diff A.txt B.txt
```

最后一个命令应该不显示输出，因为 patch 命令有效地使 A.txt 拥有了与 B.txt 相同的内容。

要实现这些，首先要从 diff 命令下手，因为你可以参考 Python 里已有的 diff 的完整实现。你可以在 difflib 文档的最后面找到，也可以试着实现自己的版本，然后和他们的实现比比看。

本习题的真正难点是 patch 工具，因为 Python 里边没有现成的实现。你需要阅读 difflib 里的 SequenceMatcher 类，特别要查看 SequenceMatch.get_opcodes 函数，这是你实现 patch 的唯一线索，但这个线索很不错。

巩固练习

diff 和 patch 的组合你可以实现多少？可不可以把它们合并为一个工具？可不可以实现一个迷你版的 git？

进一步研究

找出尽可能多的 diff 算法。另外，还可以研究一下 git 这类工具的工作原理。

第五部分 解析文本

本书的这一部分将教你文本处理，确切地讲，是正式文本解析的入门。这里不会涉及编程语言理论的所有不同元素，如果这些你都学会了，就可以拿大学文凭了。这里只是让你入个门，能在众多编程环境中使用简单的文本解析。

大多数程序员与解析文本有着奇特的联系。所有计算机编程的核心都是解析，它是计算机科学中最容易理解和形式化的一个方面。解析数据在计算中无处不在。你可以在网络协议、编译器、电子表格、服务器、文本编辑器、图形渲染器以及其他几乎任何必须与人或别的计算机连接的东西中找到它。即使两台计算机发送的是固定的二进制协议，尽管缺少文本，这个过程仍然存在解析行为的方面。

我要教你解析，是因为这个技能易懂而且实用，它可以产生可靠的结果。当你需要可靠地处理某些输入并提供准确的错误提示时，你应该用的是解析器，而不是尝试手动编写逻辑。此外，一旦你学习了解析的基础知识，学习新的编程语言就会变得更容易，因为你可以更容易地理解它们的文法。

介绍代码覆盖率

在本部分中，你仍然应该尝试去破坏并拆解你编写的任何代码。我在本部分中添加的新内容是代码覆盖率的概念。实际上人们不知道自己在编写自动化测试时是否测试了大多数场景，代码覆盖率的意义就在于此。你可以使用逻辑来保障自己覆盖了所有东西，但正如我们所知，人脑是很不善于发现自身的思维缺陷的。这就是为什么要你在本书中使用"先创造后批判"的循环。试图在创造时分析自己的想法，这对人来说真的太难了。

代码覆盖率是一种让你至少能够了解你在应用程序中测试过的内容的方法。它不会找到你的所有缺陷，但它至少会表明你已经访问到了可能的每个代码分支。没有覆盖率，你就不知道自己是否测试了每个分支。一个很好的例子是处理错误，大多数自动化测试仅测试最可靠的条件，从不测试错误处理。当你运行覆盖率时，你会发现各种忘记去测试错误处理代码的地方。

代码覆盖率还可以帮助你避免过度测试代码。我参与过测试驱动开发（TDD）的忠实支持者的项目，他们为自己的 12/1 的测试/代码比率感到自豪（这意味着每 1 行代码对应 12 行测试）。但是通过简单的代码覆盖率分析就能看出，他们实际上只测试了 30%的代码，其中许多代码用一样的方式测试了 6～20 次。同时，数据库查询中的异常条件等简单错误完全未经测试，从而导致频繁出错。最后，这些类型的测试套件成为一种负担，阻止了项目成长，还消耗了人们的工作时间。所以也难怪许多敏捷咨询公司讨厌代码覆盖率。

在本部分的视频中，你将看到我运行测试并使用代码覆盖率来确认我正在测试的内容。你也需要做同样的事情，而且有一些工具可以使这一切变得简单。我将向你展示如何阅读测试覆盖率的结果，以及如何确保你有效地测试了所有内容。我们的目标是拥有一个完美的自动化测试套件，它不会导致工作浪费，因此你不会针对 30%的代码的每 1 行去测试 12 次。

有限状态机

每一本关于解析的书中都有一个可怕的章节用来讲有限状态机（Finite State Machines，FSM），里边详细介绍了"边"和"节点"，详细到讲了每个可能被转换成其他自动机的"自动机"组合。坦率讲，这有点过了。FSM 有一个简单的解释，能够让它联系实际并易于理解，同时又不违反同一主题下理论家们的解释。当然，当你提交论文给 ACM 杂志时，不会被通过，因为你不知道 FSM 背后的所有数学知识，但如果你只想在你的应用程序中使用它们，知道这些就足够了。

FSM 是一种用来组织发生在一组状态中的事件的方法。事件的另一种定义是"输入触发器"，类似于 if 语句中的布尔表达式，但通常没那么复杂。事件可以是单击按钮，可以是从数据流接收字符，还可以是更改日期或时间，或者可以是几乎任何你想要声明为事件的东西。然后，状态是你的 FSM 在等待更多事件时停驻的任何"位置"，在各个状态下，你都需要重新定义允许的事件（输入）。事件往往是临时的，而状态通常是固定的，它们都是可以存储的数据。最后，你可以将代码附加到事件或状态中，你甚至可以决定要不要在你进入状态时、状态中或退出状态时运行代码。

在程序执行过程中，不同的位置会发生不同的事件，就需要运行不同的代码，FSM 是一种将可能的代码列入白名单的方法。在 FSM 中，当你收到意外事件时，你会得到失败结果，因为你必须明确定义每个状态允许的事件（或条件）。if 语句也可以处理可能的分支，但它是一个可能性的"黑名单"。如果你忘记了 else 语句，那么你的 if-elif 条件涵盖范围外的任何条件都会被直接跳过。

让我细细道来。

1. 状态（state）是指代 FSM 当前所在位置的存储指示器。状态可以是"已开始""按键已按下""已中止"或类似的描述 FSM 在可能的执行点中如何被定位的任何东西。"状态"这一说法暗示了它正在等待某事发生，然后再决定接下来做什么。

2. 事件（event）可以把 FSM 从一个状态移动到另一个状态。事件可以是"按键""套接字连接失败"或"文件已保存"，只要 FSM 接收到外部刺激，那么它必须决定做什么以及接下来要进入什么状态。事件甚至可以让 FSM 回到相同的状态，这就是你实现循环的方式。

3. FSM 根据发生的事件从一种状态转换到另一种状态，该转换仅发生在针对为该状态给出的确切事件发生之时（尽管你可以把该事件定义为"任何事件"）。它不会"意外地"改变状态，你可以通过查看收到的事件和访问的状态来准确跟踪它们从一个状态移动到另一个状态的情况。这使得它们非常容易调试。

4. 你可以在状态转换之前、期间或之后对每个事件运行代码。这意味着你可以在收到事件时运行某些代码，然后根据状态中的该事件决定做什么，然后在离开该状态之前再次运行代码。这种执行代码的能力使 FSM 非常强大。

5. 有时"空"也是一个事件。这是一个很强大的功能，因为这意味着即使没有收到任何反应，你也可以将 FSM 转换为新状态。然而实际上，"空"往往是暗指"再次执行"或"唤醒"。在其他情况下，"空"的意思是"不确定，也许下一个事件会告诉我什么状态。"

FSM 的强大之处在于能明确地为每个事件划定状态，而且事件只是接收的数据。这使得它们非常容易调试、测试且不易写错，因为你确切地知道每个可能的状态，以及针对每个事件每个状态中会发生什么。在本习题中，你将学习实现一个 FSM 库以及一个使用 FSM 库的 FSM，从而了解它们是如何工作的。

习题挑战

我创建了一个 FSM 模块，它能处理一些简单的事件，可用来处理与 Web 服务器的连接。这是一个想象中的 FSM，用来给你提供一个在 Python 中快速编写 FSM 的示例。它只是一个从套接字读取和写入的基本骨架，用来处理连接。它里边缺少一些重要的东西，所以这只是一个供你使用的小例子。

fsm.py

```
1  def START():
2      return LISTENING
3
4  def LISTENING(event):
5      if event == "connect":
6          return CONNECTED
7      elif event == "error":
8          return LISTENING
9      else:
10         return ERROR
11
12 def CONNECTED(event):
13     if event == "accept":
14         return ACCEPTED
15     elif event == "close":
16         return CLOSED
```

```
17      else:
18          return ERROR
19
20  def ACCEPTED(event):
21      if event == "close":
22          return CLOSED
23      elif event == "read":
24          return READING(event)
25      elif event == "write":
26          return WRITING(event)
27      else:
28          return ERROR
29
30  def READING(event):
31      if event == "read":
32          return READING
33      elif event == "write":
34          return WRITING(event)
35      elif event == "close":
36          return CLOSED
37      else:
38          return ERROR
39
40  def WRITING(event):
41      if event == "read":
42          return READING(event)
43      elif event == "write":
44          return WRITING
45      elif event == "close":
46          return CLOSED
47      else:
48          return ERROR
49
50  def CLOSED(event):
51      return LISTENING(event)
52
53  def ERROR(event):
54      return ERROR
```

还有一个小测试，用来给你演示这个 FSM 是如何运行的，代码如下。

test_fsm.py

```
1  import fsm
2
3  def test_basic_connection():
4      state = fsm.START()
```

```
5        script = ["connect", "accept", "read",
6                    "write", "close", "connect"]
7
8        for event in script:
9            print(event, ">>>", state)
10           state = state(event)
```

你在本习题中要面对的挑战是将此示例模块转换为更健壮且通用的 FSM Python 类。你应该将此作为一组线索，用以了解如何处理进来的事件，如何把状态写成 Python 函数，以及如何进行隐式转换。看看我有时怎样为下一个状态返回函数，但有时我也会返回对该状态函数的调用。试着找出我为什么这样做，因为它在 FSM 中非常重要。

要完成这个挑战，你需要学习 Python 的 inspect 模块，看看你可以用 Python 的对象和类做些什么。有一些像 __dict__ 这样的特殊变量，还有 inspect 中的函数，它们可以帮助你查看类或对象的内容，从而帮你找到某个函数。

你可能还想要反转这个设计。你可以将事件作为子类中的函数，并在事件函数内部检查当前的 self.state 以确定下一步要做什么。这一切都取决于你正在处理什么，你的事件更多还是状态更多，以及怎样写更容易理解。

最后，你可以使用这样的设计创建一个 FSMRunner 类，让它只知道如何运行这样设计的模块。这比使用一个知道如何运行自身实例的类有一些优势，但它也可能存在一些问题。例如，FSMRunner 如何跟踪当前状态？应该把状态放在模块中，还是放在 FSMRunner 的实例中？

巩固练习

1. 扩展你的测试，然后实现一个你完全不熟悉的领域的 FSM。

2. 在你的实现中添加日志记录的开关功能。使用 FSM 处理事件最大的优势在于你可以存储和记录 FSM 收到的所有事件和状态。这可以帮助你调试为什么它会进入你期望之外的状态中。

进一步研究

你一定要读一下 FSM 背后的数学知识。我这里的小例子不是 FSM 概念的完整且正式的版本，只是为了方便你理解而已。

正则表达式

正则表达式（regular expression，简写 regex）是一种在字符串中匹配字符序列的简洁编码方法。人们通常认为它们很"可怕"。但是，正如你所知，任何裹着恐惧的东西通常都是没有被教对。实际上，正则表达式只是一组大约 8 个符号，它们告诉计算机如何匹配模式。正则表达式如果被简单使用是很容易理解的，人们遇到麻烦的地方是尝试使用非常复杂的正则表达式，但实际上这时使用解析器会更好。一旦你理解了这 8 个符号和正则表达式的局限性，你就会发现它们其实并不可怕。

我打算让你做更多的记忆，让你的大脑做好讨论的准备。下面列出了需要记住的重要符号。

- **^**：字符串的*开始锚*，只有匹配对象在开始位置，它才会被匹配。

- **$**：字符串的*结束锚*，只会匹配结束位置。

- **.**：*任意一个字符*。任何单一字符输入都可以。

- **?**：*可有可无的前一字符*。正则表达式的前一部分可有可无，所以 A?表示一个可有可无的"A"字符。

- *****：*0 个或多个前一字符*。正则表达式的前一部分可以重复多次，也可以直接跳过。A*可以匹配 AAAAAAA，也可以匹配 BQEFT，因为后者里边有 0 个"A"。

- **+**：*1 个或多个前一字符*。和*一样，不过只有一个或者多个上一字符出现时才匹配。A+可以匹配 AAAAAAA 但不能匹配 BQEFT。

- **[X-Y]**：*字符范围为从 X 到 Y 的字符类*。只匹配 X 到 Y 范围内的字符。使用[A-Z]可以匹配所有英语大写字母。针对常用的字符范围，有\开头的快捷方式，你也可以使用它们。

- **()**：*捕获正则表达式匹配的这部分内容以供以后使用*。很多正则表达式库还可以进行替换、抽取和修改文本的操作。() 里边的内容被捕获后可以在以后使用。很多代码库可以引用捕获的内容。如果你用了([A-Z]+)，它会捕获一个或多个大写英文字母。

Python 的 re 库中列出了更多符号，不过大部分都是这 8 个符号的加强版，或者是正则表达式库中一些不常见的其他功能。你需要先针对这 8 个符号创建速记卡，重点记忆斜体字部分的说明（结束锚、可有可无的上一字符等），以便能快速回顾并解释它们的功能。

记住这些符号以后，把下面的正则表达式翻译成句子，使用 Python 的 re 库在列出的字符串或其他任何字符串上尝试一下结果。

- **.*BC?\$**：helloBC、helloB、helloA、helloBCX。

- **[A-Za-z][0-9]+**：A1232344、abc1234、12345、b493034。

- **^[0-9]?a*b?.\$**：0aaaax、aaab9、9x、88aabb、9zzzz。

- ***-***："_____ -***"、"_"、"****"、"_-"。

- A+B+C+[xyz]^：AAAABBCCCCCxyxyz、ABBBBCCCxxxx、ABABABxxxx。

翻译完以后，用下面的方法在命令行中使用 Python 的 re 模块尝试匹配操作。

习题 31 Python 会话

```
1   >>> import re
2   >>> m = re.match(r".*BC?$", "helloB").span()
3   >>> re.match(r".*BC?$", "helloB").span()
4   (0, 6)
5   >>> re.match(r"[A-Za-z][0-9]+", "A1232344").span()
6   (0, 8)
7   >>> re.match(r"[A-Za-z][0-9]+", "abc1234").span()
8   Traceback (most recent call last):
9     File "<stdin>", line 1, in <module>
10  AttributeError: 'NoneType' object has no attribute 'span'
11  >>> re.match(r"[A-Za-z][0-9]+", "1234").span()
12  Traceback (most recent call last):
13    File "<stdin>", line 1, in <module>
14  AttributeError: 'NoneType' object has no attribute 'span'
15  >>> re.match(r"[A-Za-z][0-9]+", "b493034").span()
16  (0, 7)
17  >>>
```

当匹配失败时，你会看到 `AttributeError: 'NoneType'`，因为当 `re.match` 函数不匹配时会返回 `None`。

习题挑战

尝试使用你的 FSM 模块实现一个简单的正则表达式，该正则表达式至少可以执行上述操作中的 3 个。这将是一项艰巨的挑战，但使用 Python 的 re 库可帮助你规划并测试这一正则表达式的实现。然后，一旦你知道了如何做以后，就永远不要再做了。人生苦短，别费力去干计算机擅长的事情。

巩固练习

1. 扩展你的速记卡，让它包含 Python 的 re 库文档中所有的符号。

2. 如果要匹配*字符，你可以用转义符*，大部分别的符号也可以这样做。

3. 确保你会使用 re.ASCII，因为有的解析需要用到它。

进一步研究

看看 regex 库的文档，如果你需要支持 Unicode，它会更有帮助。

扫描器

我在《"笨办法"学 Python 3》一书的习题 48 中非常简单地介绍过扫描器，现在我要做一个正式的介绍。我将解释扫描文本背后的概念、它与正则表达式的关系，以及如何使用很少的 Python 代码创建一个小小的扫描器。

我们以下面的 Python 代码为例开始讨论：

```
def hello(x, y):
    print(x + y)

hello(10, 20)
```

你已经学了很长时间 Python 了，应该能很快读懂这段代码，但你真的弄懂它了吗？我（或者别人）教你 Python 的时候，会让你记住所有的符号，比如 def 和 () 这样的。但是 Python 要稳定一致地处理这些符号，一定需要一个专门的方法。例如，Python 遇到 hello，应该会知道它是某个东西的名字，到了后面它还要区分 def hello(x, y) 和 hello(10, 20)。这些都是怎样做到的？

执行此操作的第一步是扫描文本以查找"记号"（token）。在扫描阶段，像 Python 这样的语言首先关心的并不是符号（def）和名称（hello）分别是什么。它只是尝试将输入语言转换为被称为"记号"的一种文本模式。这一点是通过应用一系列正则表达式来实现的，这些正则表达式会用来"匹配"Python 理解的每一种可能的输入。记得习题 31 中的正则表达式吧，正则表达式告诉 Python 如何匹配或接受字符序列。Python 解释器所做的，只是使用许多正则表达式来匹配它理解的每个记号而已。

以上面的例子来讲，你应该能写出一些正则表达式来处理它们。你需要一个正则表达式来处理 def，直接用"def"匹配就可以了。针对 () +:，这些字符你还要写更多的正则表达式。剩下的就是如何处理 print、hello、10、20 这些了。

确定了上面代码示例中的所有符号之后，就需要为它们命名了。你不能只用它们的正则表达式来引用它们，因为这样做效率很低而且容易犯错。稍后你将学习如何为每个符号赋予其自己的名称（或数字），从而简化解析过程。现在我们先为这些正则表达式的模式设计一些名称。我可以说 def 就叫 DEF，然后 () +:，可以叫 LPAREN RPAREN PLUS COLON COMMA。然后我可以将 hello 和 print 这样的词对应的正则表达式简称为 NAME。这样一来，我就可以将输入的原始文本流转换为一系列单个数字（或名称）的记号，以便在以后的阶段使用。

Python 代码解析也挺棘手的，因为它需要一个表示"行首空白"的正则表达式来处理代码块的缩进。现在，让我们只使用一个相当笨的^\s+，然后假装它能捕获行首使用的空格数量。

最终你会拥有一组可以处理前面的代码的正则表达式，它可能看起来像下面这样。

正则表达式	记号
`def`	DEF
`[a-zA-Z_][a-zA-Z0-9_]*`	NAME
`[0-9]+`	INTEGER
`\(`	LPAREN
`\)`	RPAREN
`\+`	PLUS
`:`	COLON
`,`	COMMA
`^\s+`	INDENT

扫描器的工作是获取这些正则表达式，并使用它们将输入文本分解为已识别符号流。如果我用扫描器处理前面的代码示例，会产生如下结果：

```
DEF NAME(hello) LPAREN NAME(x) COMMA NAME(y) RPAREN COLON
INDENT(4) NAME(print) LPAREN NAME(x) PLUS NAME(y) RPAREN
NAME(hello) RPAREN INTEGER(10) COMMA INTEGER(20) RPAREN
```

研究一下这个转换，匹配出扫描器输出的每一行，并使用表中的正则表达式将其与之前的 Python 代码进行比较。你会看到，这只是把输入文本和正则表达式相匹配，然后映射到记号名称上面，所有需要的信息也被保存了下来，比如 hello 或数字 10。

运行 Python 扫描器

我写了一个非常小的 Puny Python 脚本，用来演示怎样扫描这个小小的 Puny Python 语言。

ex32.py

```
1   import re
2
3   code = [
4   "def hello(x, y):",
5   "    print(x + y)",
```

```
 6  "hello(10, 20)",
 7  ]
 8
 9  TOKENS = [
10  (re.compile(r"^def"),                     "DEF"),
11  (re.compile(r"^[a-zA-Z_][a-zA-Z0-9_]*"),  "NAME"),
12  (re.compile(r"^[0-9]+"),                   "INTEGER"),
13  (re.compile(r"^\("),                       "LPAREN"),
14  (re.compile(r"^\)"),                       "RPAREN"),
15  (re.compile(r"^\+"),                       "PLUS"),
16  (re.compile(r"^:"),                        "COLON"),
17  (re.compile(r"^,"),                        "COMMA"),
18  (re.compile(r"^\s+"),                      "INDENT"),
19  ]
20
21  def match(i, line):
22      start = line[i:]
23      for regex, token in TOKENS:
24          match = regex.match(start)
25          if match:
26              begin, end = match.span()
27              return token, start[:end], end
28      return None, start, None
29
30  script = []
31
32  for line in code:
33      i = 0
34      while i < len(line):
35          token, string, end = match(i, line)
36          assert token, "Failed to match line %s" % string
37          if token:
38              i += end
39              script.append((token, string, i, end))
40
41  print(script)
```

运行脚本，你会得到一个元组的列表，里边包含了记号、匹配的字符串、开始位置和结束位置，如下所示：

```
[('DEF', 'def', 3, 3), ('INDENT', ' ', 4, 1), ('NAME', 'hello', 9, 5),
('LPAREN', '(', 10, 1), ('NAME', 'x', 11, 1), ('COMMA', ',', 12, 1),
('INDENT', ' ', 13, 1), ('NAME', 'y', 14, 1), ('RPAREN', ')', 15, 1),
('COLON', ':', 16, 1), ('INDENT', '    ', 4, 4), ('NAME', 'print', 9, 5),
('LPAREN', '(', 10, 1), ('NAME', 'x', 11, 1), ('INDENT', ' ', 12, 1),
('PLUS', '+', 13, 1), ('INDENT', ' ', 14, 1), ('NAME', 'y', 15, 1),
```

```
('RPAREN', ')', 16, 1), ('NAME', 'hello', 5, 5), ('LPAREN', '(', 6, 1),
('INTEGER', '10', 8, 2), ('COMMA', ',', 9, 1), ('INDENT', ' ', 10, 1),
('INTEGER', '20', 12, 2), ('RPAREN', ')', 13, 1)]
```

当然，这绝对不是你能写出来的最快或最准确的扫描器。这只是一个简单的脚本，用于演示扫描器如何工作，为你提供一些基础知识。要进行真正的扫描工作，你可以使用一个工具来生成更高效的扫描仪。在本习题的"进一步研究"一节中我会介绍这些内容。

习题挑战

你的工作是使用这个示例扫描器代码，并把它转换为一个通用的 Scanner 类，以供稍后使用。这个 Scanner 类的目标是获取一个输入文件，将其扫描到一个记号列表中，然后允许你顺序取出记号。API 应具有以下功能。

- **__init__**：接收一个相似的元组列表作为参数（无需 re.compile），配置扫描器。
- **scan**：接收字符串作为参数，对其执行扫描，创建记号列表以供后续使用。该字符串应该保存下来，方便后续访问。
- **match**：针对一个可能的记号列表，返回匹配第一个记号的第一个元素，然后把它删掉。
- **peek**：针对一个可能的记号列表，返回一个应该可以工作的元素，但不把它从列表中删掉。
- **push**：将记号推回到记号流中，以供后面的 peek 或者 match 操作再次返回它。

你还要创建一个通用的 Token 类，用来替换我正在使用的 tuple。它要能跟踪找到的记号、匹配的字符串，并且能在原始字符串中匹配开始和结束的位置。

巩固练习

1. 安装 pytest-cov 库，用它测量你的自动化测试的覆盖率。
2. 使用 pytest-cov 的结果改进你的自动化测试。

进一步研究

创建扫描器的更好的方法是利用以下 3 个关于正则表达式的事实。

1. 正则表达式是有限状态机。

2. 你可以将小型有限状态机准确地组合到更大、更复杂的有限状态机中。

3. 使用一个匹配多个小正则表达式的组合有限状态机，与直接使用正则表达式相比，二者的工作方式是一样的，但前者的效率更高些。

有许多工具使用上述事实来接受扫描器定义，将每个小正则表达式转换为 FSM，然后将它们组合起来生成一套可以可靠地匹配所有记号的快速代码。这样做的好处是让你可以以滚动方式为这些生成的扫描器提供单个字符，并让它们快速识别记号。这种做法比我在本书中用的方式更受欢迎，本书中是按字符串排序并按顺序尝试一系列正则表达式，直到找到一个匹配的为止。

研究一下扫描器生成器是如何工作的，并把它和你写的东西比较一下。

解析器

想象一下，给你一个巨大的数字列表，你必须将它们输入到一个电子表格中。一开始，这个巨大的列表只是一个由空格分隔的原始数字流。你的大脑会自动以空格分割数字流并创建数字。这时你的大脑就像一个扫描器。然后，你可以将数字输入到具有含义的行和列中。通过获取扁平的数字流（记号），将它们转换为更有意义的行和列的二维网格。什么数字进入哪些行和列，这些规则就是你的"文法"，而解析器（parser）的工作就是像使用电子表格一样强制执行文法。

让我们再一下习题 32 中的 Puny Python 示例代码，并从 3 个不同的视角讨论解析器：

```
def hello(x, y):
    print(x + y)

hello(10, 20)
```

当你看这段代码时，你看到了什么？我看到一棵树，类似于我们之前创建的 BSTree 或 TSTree。你看到树了吗？让我们从这个文件的开头开始，学习如何从字符走到树。

首先，当我们加载 .py 文件时，它只是一个"字符"流——实际是字节，但 Python 使用了 Unicode，因此字符都必须是 Unicode。这些字符在一行中，它们没有什么结构，我们的扫描器的工作是添加第一层含义。扫描器通过使用正则表达式来从字符流中提取含义，并创建记号列表。我们已经把它从一个字符列表变成了一个记号列表，但是看看 def hello(x,y): 函数。这是一个带有代码块的函数。这意味着某种形式的"包含"或"物体内部物体"结构。

表示包含的一种非常简单的方法是使用树。我们可以使用像电子表格一样的表格，但它不像树那么容易处理。接下来看看 hello(x, y) 部分。我们有一个 NAME(hello) 记号，但我们想要获取 (...) 部分的内容，并知道它在括号内。同样，我们可以使用树，我们将 x、y 部分嵌在 (...) 部分内，作为树的子节点或分支。最终我们会有一棵从这个 Python 代码的根部开始的树，每个代码块、打印函数、函数定义和函数调用，都是从根部开始的分支，这些分支也可以有子分支，依次类推。

我们为什么要这样做呢？我们需要根据文法知道 Python 代码的结构，以便我们稍后进行分析。如果我们不将记号的线性列表转换为树结构，那么我们就不知道函数、代码块、分支或表达式的边界在哪里。我们必须以"直线"的方式动态确定边界，这不是一件能够轻松完成的事情。许多早期的糟糕语言都是直线式语言，现在我们知道它们不一定非要是那个样子。我们可以使用解析器来构建树结构。

解析器的工作是从扫描器中获取记号列表，并将它们转换为更有意义的文法树（tree of grammar）。你可以将解析器视为将另一个正则表达式应用于记号流的东西。扫描器的正则表达式将大块字符装入记号。解析器的正则表达式将这些记号放在盒子里，盒子里还有盒子，依次类推，直到记号不再是线性的为止。

解析器也为这些盒子添加了含义。解析器只需删除括号记号，然后为可能的 Function 类创建一个特殊的 parameters 列表就可以了。它可以丢弃冒号、无用空格、逗号和任何实际上没有添加含义的记号，并将它们转换为更容易处理的嵌套结构。对于上面的示例代码，最终结果可能看起来像下面这个假的树：

```
* root
  * Function
    - name = hello
    - parameters = x, y
    - code:
      * Call
        - name = print
        - parameters =
            * Expression
              - Add
                - a = x
                - b = y
  * Call
    - name = hello
    - parameters = 10, 20
```

研究一下我是如何从示例 Python 代码转到这个代表代码的虚构树，并且继续前进的。理解并不难，但关键是你需要能够查看 Python 代码并找出树结构。

递归下降解析

有一些现成的方法可以为这种文法创建解析器，但最简单的方法是递归下降解析器（Recursive Descent Parser，RDP）。实际上我在《"笨办法"学 Python 3》的习题 49 中教过这个主题。你创建了一个简单的 RDP 来处理你的小游戏语言，只是你并不知道它其实是一个 RDP。在本习题中，我将对如何编写 RDP 进行更正式的描述，然后让你尝试解析上面的一小段 Python 代码。

RDP 使用相互递归的函数调用来实现给定文法的树结构。RDP 的代码看起来就像你正在处理的实际文法，只要你遵循一些规则，它们就很容易编写。RDP 有两个缺点，一是它们的效率可能不是很高，二是你通常需要手动编写它们，因此它们会比生成的解析器更容易出错。关于 RDP 可以解析什么也有一些理论上的限制，但是既然你是手动编写它们，通常就可以绕过很多这种限制。

要编写 RDP，你需要使用下面 3 个主要操作来处理扫描器记号。

- **peek**：如果下一个记号可以匹配，那就返回它，但不把它从流中取出。
- **match**：匹配下一个记号，并将其从流中取出。
- **skip**：跳过下一个记号，因为它不需要处理，并将其从流中取出。

你会注意到，这些就是我在本习题中为你的扫描器创建的 3 个操作，现在你知道原因了。你需要用它们来做一个 RDP。

你可以使用这 3 个函数编写从扫描器中获取记号的文法解析函数。以下示例简短演示了如何解析简单的函数定义：

```
def function_definition(tokens):
    skip(tokens) # discard def
    name = match(tokens, 'NAME')
    match(tokens, 'LPAREN')
    params = parameters(tokens)
    match(tokens, 'RPAREN')
    match(tokens, 'COLON')
    return {'type': 'FUNCDEF', 'name': name, 'params': params}
```

你可以看到，我只是取出记号并使用 match 和 skip 来处理它们。你还会注意到，我有一个 parameters 函数，它是递归下降解析器的"递归"部分。当需要将参数解析为函数时，function_definition 就会去调用 parameters 函数。

BNF 文法

如果没有某种形式的文法规范，尝试从头开始编写 RDP 是有些棘手的。你还记得我让你把一个正则表达式转换为 FSM 吗？很难吧，它比正则表达式中的几个字符多了很多的代码。当你练习编写 RDP 时，你做的事情也是类似的，因此使用一种"文法正则表达式"的语言会有所帮助。

最常见的"文法正则表达式"被称为 Backus-Naur 范式（BNF），它是以创作者 John Backus 和 Peter Naur 的姓氏命名的。BNF 描述了所需的记号，以及这些记号如何重复以形成编程语言的文法。BNF 也使用与正则表达式相同的符号，因此*、+和?具有相似的含义。

在本习题中，我将使用 IETF 增强 BNF 文法来指定 Puny Python 片段。ABNF 运算符与正则表达式基本相同，只是一些奇怪的原因，它们的重复标记放在需要重复的内容之前，而不是之后。除此之外，请阅读规范并尝试理解下列各行的含义：

```
root = *(funccal / funcdef)
funcdef = DEF name LPAREN params RPAREN COLON body
funccall = name LPAREN params RPAREN
params = expression *(COMMA expression)
expression = name / plus / integer
plus = expression PLUS expression
PLUS = "+"
LPAREN = "("
RPAREN = ")"
COLON = ":"
COMMA = ","
DEF = "def"
```

让我们只看一下 funcdef 行，并将它与我们上面 function_definition 的 Python 代码进行比较，匹配每个部分。

- **funcdef =**：这里我们用 def function_definition(tokens) 来复制，它是我们这部分文法的开始。

- **DEF**：这里我们定义了文法 DEF = "def"，在 Python 代码里我只要用 skip(tokens) 跳过它即可。

- **name**：我需要这个，所以我将它与 name = match(tokens, 'NAME') 匹配。我使用 BNF 中惯用的全大写来表示这部分内容我很可能会跳过。

- **LPAREN**：我假设我收到了 def，但现在我想要强制后续的(，以便我去匹配它，我使用 match(tokens, 'LPAREN') 忽略了匹配结果，这是一个 "必须存在但需要跳过" 的符号。

- **params**：在 BNF 里我把 params 定义为一个新的 "文法产出" 或者 "文法规则"，这意味着在 Python 代码里，我需要添加一个新的函数，在这个函数里边，我可以用 params = parameters(tokens) 来调用函数。然后我把 parameters 函数定义好，用来处理逗号分隔的一系列函数参数。

- **RPAREN**：我把这个需要的符号用 match(tokens, 'RPAREN') 忽略掉了。

- **COLON**：同样，我用 match(tokens, 'COLON') 把这个忽略掉了。

- **body**：实际上我在这里跳过了正文，因为 Python 的缩进语法对这个简单的示例代码来说有点儿太难了。所以不要求在练习中处理这个问题，除非你自己想试试。

这基本上就是阅读 ABNF 规范并将其系统地转换为代码的方法。从根开始，将每个文法产出实现为函数，并让扫描器处理简单的记号（就是我用大写字母表示的元素）。

解析器快速演示

这是我快速写出的 RDP，你可以使用它来建立更正式、更整洁的解析器。

ex33.py

```
1    from scanner import *
2    from pprint import pprint
3
4    def root(tokens):
5        """root = *(funccal / funcdef)"""
6        first = peek(tokens)
7
8        if first == 'DEF':
9            return function_definition(tokens)
10       elif first == 'NAME':
11           name = match(tokens, 'NAME')
12           second = peek(tokens)
13
14           if second == 'LPAREN':
15               return function_call(tokens, name)
16           else:
17               assert False, "Not a FUNCDEF or FUNCCALL"
18
19   def function_definition(tokens):
20       """
21       funcdef = DEF name LPAREN params RPAREN COLON body
22       I ignore body for this example 'cause that's hard.
23       I mean, so you can learn how to do it.
24       """
25       skip(tokens) # discard def
26       name = match(tokens, 'NAME')
27       match(tokens, 'LPAREN')
28       params = parameters(tokens)
29       match(tokens, 'RPAREN')
30       match(tokens, 'COLON')
31       return {'type': 'FUNCDEF', 'name': name, 'params': params}
32
33   def parameters(tokens):
34       """params = expression *(COMMA expression)"""
35       params = []
```

```
36        start = peek(tokens)
37        while start != 'RPAREN':
38            params.append(expression(tokens))
39            start = peek(tokens)
40            if start != 'RPAREN':
41                assert match(tokens, 'COMMA')
42        return params
43
44   def function_call(tokens, name):
45        """funccall = name LPAREN params RPAREN"""
46        match(tokens, 'LPAREN')
47        params = parameters(tokens)
48        match(tokens, 'RPAREN')
49        return {'type': 'FUNCCALL', 'name': name, 'params': params}
50
51   def expression(tokens):
52        """expression = name / plus / integer"""
53        start = peek(tokens)
54
55        if start == 'NAME':
56            name = match(tokens, 'NAME')
57            if peek(tokens) == 'PLUS':
58                return plus(tokens, name)
59            else:
60                return name
61        elif start == 'INTEGER':
62            number = match(tokens, 'INTEGER')
63            if peek(tokens) == 'PLUS':
64                return plus(tokens, number)
65            else:
66                return number
67        else:
68            assert False, "Syntax error %r" % start
69
70   def plus(tokens, left):
71        """plus = expression PLUS expression"""
72        match(tokens, 'PLUS')
73        right = expression(tokens)
74        return {'type': 'PLUS', 'left': left, 'right': right}
75
76
77   def main(tokens):
78        results = []
79        while tokens:
80            results.append(root(tokens))
81        return results
82
```

```
83  parsed = main(scan(code))
84  pprint(parsed)
```

你会注意到，我用了一个 scanner 模块，它里边是 match、peek、skip 和 scan 函数。我使用 from scanner import *只是为了使这个例子更容易理解。你应该使用你写的 Scanner 类。

你会注意到，我把这个小解析器的 ABNF 放在每个函数的文档注释中。这有助于我编写每个解析器代码，后面我可以将其用于错误报告。在尝试习题挑战之前，你应该研究一下这个解析器，甚至也可以把它作为原版副本使用。

习题挑战

你的下一个挑战是将你的 Scanner 类与一个新编写的 Parser 类结合起来，重新实现我这里的简单解析器。你的基础 Parser 类应该能够做到以下两点。

1. 接收一个 Scanner 对象并执行自己。你可以假设任何默认函数都是文法的开头。

2. 有比我这里的简单 assert 更好的错误处理代码。

然后你要实现可以解析这个小小的 Python 语言的 PunyPythonPython，并完成以下操作。

1. 你要为每个文法生成结果创建类，并把这些类的对象存在列表中，而不是只生成 dict 的列表。

2. 这些类只需要存储被解析的记号，但也要准备好存储更多内容。

3. 你只需解析这个小语言，但你也应该尝试解决"Python 缩进"的问题。你可能必须修改 Scanner，让它只匹配行首的 INDENT 空格并忽略其他地方。你还需要跟踪缩进的次数并记录下来，顺便记录一个 0 缩进值，以便你可以处理代码块。

要实现一个覆盖广泛的测试套件，你可以将更多类似这样的小 Python 代码样本传递给解析器，但是现在你只需要解析这个小文件。尝试在测试中获得良好的覆盖率并尽可能多地发现错误。

巩固练习

这个习题很大，完成它就好了。慢慢来，一次一点儿地把它消灭掉。我强烈建议你在这里先研究我的小样本，直到你完全弄清楚它。在这个过程中，你可以打印出关键点上正在处理的记号。

进一步研究

看看 David Beazley 写的 SLY Parser Generator，看看怎样可以让计算机为你实现解析器和扫描器（又叫 lexer，词法分析器）。作为比较，你也可以试着用 SLY 来实现本习题。

分析器

你 现在有一个解析器，它能生成一个文法产出对象的树，我将其称为"解析树"（parse tree）。这意味着，你可以从解析树的顶部开始分析整个程序，然后"沿着树走"，直到你访问了每个节点。在学习 BSTree 和 TSTree 数据结构时，你已经学过了类似的操作。你从顶部开始，然后访问每个节点，你访问它们的顺序（深度优先、广度优先和中序遍历等）确定了节点的处理方式。你的解析树具有相同的功能，编写小型 Python 解释器的下一步是遍历树并对树进行分析。

分析器的工作是在文法中发现语义错误，并修复或添加下一阶段所需的信息。语义错误是那些虽然语法正确但在 Python 程序中不合理的错误。这可以是尚未定义的变量，也可以是因果不明使其本身不合理的代码，任何事情都有可能。有的是语言的文法特别松散，因此分析器必须做更多工作来修复解析树，还有的是语言很容易解析和处理，甚至不需要分析器步骤。

要编写分析器，你需要一种方法来访问解析树中的每个节点，分析它以查找错误，并修复所有缺少的信息。你可以通过以下 3 种方式执行此操作。

1. 你可以创建一个知道如何更新每个文法产出的分析器。它用和解析器类似的方式遍历解析树，每种类型的产出都有一个对应的函数，但它的工作是更改、更新和检查产出。

2. 你可以改变你的文法产出，让它们知道如何分析自己的状态。然后你的分析器只是一个引导解析树调用每个产出的 analyze() 方法的引擎。使用这种方法，你需要一些传递给每个文法产出类的状态，这应该是你定义的第三个类。

3. 你可以创建一组单独的类，用来实现最终分析过的树，然后你可以将分析过的树交给解释器。在许多方面，你会使用一组新类来创建解析器文法产出的镜像，这些新类接受全局状态和文法产出，并配置它们的 __init__，让它们成为分析结果。

我推荐第二种或者第三种方式作为你今天的习题挑战。

访问者模式

"访问者模式"（visitor pattern）是面向对象语言中非常常见的技术，你可以创建知道"访问时"应该执行哪些操作的类。这样你就可以把所有处理该类的代码集中到一起。这样做的好处是你不需要冗长的 if 语句来检查类的类型,再去决定下一步动作。相反,你只需创建一个类似如下的类:

```
class Foo(object):
    def visit(self, data):
        # do stuff to self for foo
```

一旦你有了这个类(visit 可以命名为别的任何东西),你只需要遍历一个列表并调用它就可以了:

```
for action in list_of_actions:
    action.visit(data)
```

你可以将此模式用于分析器的第二种和第三种分析器,唯一的区别是以下两点。

1. 如果你决定让你的文法产出同时也是分析器结果,那么你的 analyze() 函数(即我们的 visit() 函数)只需要存储产出类中的数据,或者存储一个给定的状态。

2. 如果你确定你的文法产出将为解释器生成另一组类(参见习题 35),那么每次调用 analyze 都要返回一个新对象,你需要将其放入列表中以供日后使用,或作为子项附加到当前的对象上。

我将介绍第一种情况,你的文法产出也是你的分析器结果。这适用于简单的小 Puny Python 脚本,你应该遵循这种风格。稍后你也可以自己去尝试其他设计。

短小的 Puny Python 分析器

警告 如果你想尝试自己实现文法产出的访问者模式,应该在此处停止。因为我将给出一个相当完整但简单的例子,其中充满了剧透。

访问者模式背后的概念似乎很奇怪,但它十分有道理。每个文法产出都知道它应该在不同的阶段做些什么,所以你也可以将该阶段的代码放在它所需的数据附近。为了证明这一点,我写了一个小的 PunyPyAnalyzer 空壳,它只使用访问者模式打印出解析。我只是做了一个样本文法产出,以便你可以理解它是如何做出来的。我不想给你太多线索。

我要做的第一件事是定义一个 Production 类,我的所有文法产出都将继承自该类。

```
1   class Production(object):
2       def analyze(self, world):
3           """Implement your analyzer here."""
```

这里有我初始版的 analyze() 方法，它会接收 PunyPyWorld，这个后面会用到。第一个示例的文法产出是 FuncCall 产出。

```
1   class FuncCall(Production):
2
3       def __init__(self, name, params):
4           self.name = name
5           self.params = params
6
7       def analyze(self, world):
8           print("> FuncCall: ", self.name)
9           self.params.analyze(world)
```

函数调用里边有函数名称和参数，参数对应的就是 Parameters 产出类。看看 analyze() 方法，你会看到第一个访问者函数。当你想要使用 PunyPyAnalyzer 时，你会看到它是如何运行的，注意，这个函数接着会在函数的每个参数上调用 param. analyze(world)。

```
1   class Parameters(Production):
2
3       def __init__(self, expressions):
4           self.expressions = expressions
5
6       def analyze(self, world):
7         print(">> Parameters: ")
8         for expr in self.expressions:
9             expr.analyze(world)
```

然后我们就被引导到了 Parameters 类，它包含构成函数参数的每个表达式。Parameters.analyze 只是遍历它的表达式列表，这里我们有两个这样的表达式。

```
1   class Expr(Production): pass
2
3   class IntExpr(Expr):
4       def __init__(self, integer):
```

```
5            self.integer = integer
6
7        def analyze(self, world):
8            print(">>>> IntExpr: ", self.integer)
9
10  class AddExpr(Expr):
11      def __init__(self, left, right):
12          self.left = left
13          self.right = right
14
15      def analyze(self, world):
16          print(">>> AddExpr: ")
17          self.left.analyze(world)
18          self.right.analyze(world)
```

在这个例子中，我只添加了两个数字。但是为了完成它，我创建了一个基本的 Expr 类，然后是一个 IntExpr 类和一个 AddExpr 类。每个类都有 analyze() 方法，里边只实现了打印它们的内容。

然后我们就有了解析树的类，我们可以做一些分析。我们需要的第一件东西是一个"世界"，它需要能够跟踪变量定义、函数以及 Production.analyze() 方法所需的其他东西。

ex34a.py

```
1   class PunyPyWorld(object):
2
3       def __init__(self, variables):
4           self.variables = variables
5           self.functions = {}
```

当调用任何 Production.analyze() 方法时，PunyPyWorld 对象会被传递给它，这样 analyze() 方法就知道了"世界"的状态。它可以更新变量、查找函数，以及执行这个"世界"所需的任何其他操作。

然后我们需要一个 PunyPyAnalyzer，它可以接收解析树和这个"世界"，并运行所有文法产出。

ex34a.py

```
1   class PunyPyAnalyzer(object):
2
3       def __init__(self, parse_tree, world):
4           self.parse_tree = parse_tree
5           self.world = world
6
```

```
7        def analyze(self):
8            for node in self.parse_tree:
9                node.analyze(self.world)
```

接下来设置一个简单的 hello(10 + 20) 调用，这就很容易了。

ex34a.py

```
1   variables = {}
2   world = PunyPyWorld(variables)
3   # simulate hello(10 + 20)
4   script = [FuncCall("hello",
5               Parameters(
6                   [AddExpr(IntExpr(10), IntExpr(20))])
7               )]
8   analyzer = PunyPyAnalyzer(script, world)
9   analyzer.analyze()
```

确保你理解了我是如何构建 script 变量的。你注意到里边的第一样东西是一个列表了吗？

解析器和分析器的对比

在这个例子中，我假设 PunyPyParser 已将 NUMBER 记号转换为整数。在其他语言中，你可能只留下记号并让 PunyPyAnalyzer 完成转换工作。这一切都取决于你希望错误处理发生在哪里，以及你想在哪里进行最有用的分析。如果你把工作放在解析器中，你就可以立即给出格式上的早期错误。如果你把工作放在分析器中，你就可以利用整个解析的文件，从而可以提供更有帮助的错误信息。

习题挑战

所有这些 analyze() 方法的意义不是只打印，而是改变每个 Production 子类的内部状态，以便解释器可以像脚本一样运行它。你在本习题中的工作，是把你的文法产出类（可能与我的不同）拿来进行分析。

你可以随意把我的起点"偷"去。如果需要，你可以把我的分析器和我的"世界"都拿走，但你要先尝试编写自己的分析器。你还要将你在习题 33 中的产出类与我的产出类进行比较。你的是不是更好？它们能不能支持这种设计？如果它们不能，就修改它们。

你的分析器需要做如下事情才能使解释器正常工作。

1. 跟踪变量定义。在一种真正的语言中，这需要一些非常复杂的嵌套表，但对于 Puny Python，你只需要假设有一个巨型表（一个 TSTree 或 dict），所有变量都在里边。这意味着 hello(x, y) 函数里的 x 和 y 实际上都是全局变量。

2. 跟踪函数的位置，以便稍后运行。我们的 Puny Python 里只有一些简单函数可以运行，但是当解释器运行时，它需要"跳转"到这些函数并运行它们。所以最好将它们保存起来以备随时使用。

3. 检查你可以想到的任何错误，例如使用中缺少了变量。这很棘手，因为像 Python 这样的语言在解释器阶段会进行更多的错误检查。你应该先确定哪些错误可以在分析过程中找出来，并且实现这部分错误检查。例如，使用遇到尚未定义的变量时会发生什么？

4. 如果你已经正确实现了 Python INDENT（缩进）语法，那么你的 FuncCall 产出应该包含它们附加的代码。解释器需要这些代码来运行它，所以要确保有一种方法来访问到这些代码。

巩固练习

1. 本习题已经相当难了，但是你能不能找出一个更好的方法，用来更多地存储变量的作用域？记住"作用域"是指 hello(x, y) 中的 x 和 y 不会影响你在 hello 函数之外定义的 x 或 y 变量。

2. 在扫描器、解析器和分析器中实现赋值。这意味着我可以写 x = 10 + 14 这样的代码，并且你可以处理它。

进一步研究

研究"基于表达式"的编程语言和"基于语句"的编程语言之间的区别。长话短说，一些语言只有表达式，因此里边的每样东西都有某种与之相关的返回值，另外一些语言里包含有值的表达式和没有值的语句，因此为它们赋值应该会失败。Python 算是哪种语言？

解释器

解析的最后一个习题既具有挑战性又有趣。你最终会看到你的 Puny Python 脚本运行起来并可以完成一些任务。在这部分内容和解析的概念上花些工夫是很好的。如果你发现自己看到这里，还看不明白发生了什么，那就考虑退回去再做一遍这部分的习题。在继续之前重复练习几次这部分前面的内容，对后续学习很有帮助，因为在第五部分的最后两个习题中，你需要制作一个自己的小语言。

我故意不在本习题中包含任何代码，因此你必须根据解释器的工作原理进行尝试。你已经有 Python 作为参考，所以你知道我们的 Puny Python 示例中的这些小语句应该如何运行。你知道如何使用访问者模式遍历你的解析树。那剩下的就是编写解释器了，用解释器可以将所有这些内容黏合在一起，并使你的小脚本运行起来。

解释器和编译器的对比

在编程语言的世界中，你可以使用解释语言和编译语言。编译语言接受你的输入源，并像你在这里所做的那样执行扫描、解析和分析阶段。编译语言会基于分析结果，遍历代码，写入真正的计算机（或者假计算机）运行 CPU 需要的字节，从而输出机器代码。一些编译器添加了一个额外的步骤，即将输入源代码转换为足够通用的"中间语言"，然后再编译为机器可理解的字节。通常编译器不能直接运行代码，你必须先通过编译器运行源代码，然后执行编译的产出。C 是一个经典的编译器，运行 C 程序是下面这样的：

```
$ cc ex1.c -o ex1
$ ./ex1
```

cc 命令是"C 编译器"，给它 ex1.c 文件，通过扫描、解析和分析，将可执行字节输出到 ex1 文件中。这样做以后，你就可以像运行任何其他程序一样运行它。

解释器不会生成你运行的编译字节码，它直接运行分析的结果。它做的工作是"翻译"输入语言，就像双语者将我的英语翻译为我朋友的泰语一样。解释器加载源文件，然后像编译器一样扫描、解析和分析它。然后它只是使用解释器自己的语言（在本例中为 Python）来根据分析结果运行它。

如果我们要在 Python 中实现 JavaScript 解释器，我们做的工作就是"用 Python 解释

JavaScript。"这里 JavaScript 是我的英语，解释器为我将其解释为 Python（泰语）。如果我想用 Python 解释 JavaScript 中的"1 + 2"，我大致会像下面这样做。

1. 扫描 1 + 2，产出记号 `INT(1) PLUS INT(2)`。

2. 将其解析为 `AddExpr(IntExpr(1), IntExpr(2))`。

3. 分析它，将文本 1 和 2 转成实际的 Python 里的整数。

4. 把它翻译成 Python 代码 `result = 1 + 2`，然后我可以把它传递到解析树的剩余位置。

相比之下，编译器会执行我在步骤 1 到步骤 3 中所做的一切，但是在步骤 4，它会将字节码（机器代码）写入另一个文件，以供在 CPU 上运行。

Python 两者皆是

Python 更现代，它通过几乎同时执行编译和解释，更高效地利用了计算机的速度。它的工作模式和解释器一样，因此你不必经历编译阶段。但是，因为解释器是出了名的慢，所以 Python 有一个内部虚拟机，当你运行 `python ex1.p` 这样的脚本时，Python 实际运行它并将其编译为 `__pycache__` 目录中的 `ex1.cpython-36.pyc` 文件。该文件是 python 程序知道如何加载和运行的字节码，它有点儿像伪机器代码。

你的翻译永远不会，也绝不应该做得这么花哨。你只要能扫描、解析、分析和解释 Puny Python 脚本就可以了。

如何写解释器

当你写解释器时，你需要在所有 3 个阶段上下功夫，修复你的错漏。我建议你先实现数字的加法，然后再处理更复杂的表达式，直到你的脚本能够运行为止。我会像下面这样做。

1. 为 `AddExpr` 类添加第一个 `interpret` 方法，让它打印出一条消息。

2. 让解释器能可靠地访问这个类，给它传递它需要的 `PunyPyWorld`。

3. 这部分完成以后，你可以让 `AddExpr.interpret` 实现两个表达式参数的加法计算，并返回结果。

4. 之后，你要想想把这步 `interpret` 的结果放到哪里。为了简单起见，我们假设 Puny Python 是一个基于表达式的语言，所以每样东西都会返回一个值。在这里，对解释器的调用总是会得到一个上层调用可以使用的返回值。

5. 最后，由于 Puny Python 是基于表达式的，你可以让你的解释器打印出其 interpret 调用的最终结果。

如果你这样做，你的解释器就基本做出来了，然后你可以开始实现运行脚本所需的所有其他 interpret 方法。

习题挑战

为 Puny Python 编写解释器应该只需要编写另一个访问者模式，该模式通过已分析的解析树，来做解析树想要执行的操作。你唯一的目标是让这个小小的脚本运行起来。这看起来很愚蠢，因为这只是 3 行代码，但是这 3 行代码涵盖了编程语言中的各种主题：变量、加法、表达式、函数定义和函数调用。如果你再实现一个 if 语句，那么你几乎拥有了一种能用的编程语言。

你的工作是编写一个 PunyPyInterpreter 类，用它接受 PunyPyWorld 以及运行 PunyPyAnalyzer 的结果，并以此执行脚本。你还需要实现 print，用来简单打印变量，但其余的代码要各自在每个产出类中运行。

巩固练习

1. 写好 PunyPyInterpreter 以后，你应该实现 if 语句和布尔表达式，然后扩展你的语言测试集，确保新的实现可以工作。试着不断扩展你的这个小小的 Python 编译器。

2. 如果要让 Puny Python 支持语句，需要做什么？

进一步研究

你现在应该可以根据需要，学习一些不同语言的文法和规范。继续找一些语言，并利用这些语言的源代码来研究它们。你还要对 IETF ABNF 规范进行更全面的研究，为接下来的两个习题做好准备。

简单计算器

这个挑战是利用你学过的所有有关解析的知识，创建一个简单的代数计算器。你需要设计一种语言，让它用变量进行基本的数学运算，为语言创建 ABNF，并为其编写扫描器、解析器、分析器和解释器。对一个简单的计算器语言来说，实际上这可能是过度的，因为它里边不会有像函数这样的嵌套结构，但无论如何你还是要这样做，这是为了要理解整个过程。

习题挑战

一个简单的代数语言对不同的人来说可能意味着很多不同的东西，所以我想让你先试试 Unix 命令 bc。以下是我运行 bc 命令的一个例子：

```
$ bc
bc 1.06
Copyright 1991-1994, 1997, 1998, 2000 Free Software Foundation, Inc.
This is free software with ABSOLUTELY NO WARRANTY.
For details type `warranty'.
x = 10
y = 11
j = x * y
j
110
```

你需要创建变量，输入数字（整数和浮点数），并设计尽可能多的运算符。你可以通过在 bc 甚至是 Python 的 shell 中测试，为你的计算器制作 ABNF。记住，你的 ABNF 基本是伪代码，格式不必完全正确，只需足够接近供你创建扫描器和解析器即可。

有了 ABNF 形式的文法"骨架"，你就可以坐下来创建扫描器和解析器了。如果是我，我会编写一组简单的脚本，用来演练该语言应该执行的操作。然后在每个阶段，让测试套件通过计算器来运行这些脚本。这样做可以使测试计算器变得更轻松。

有了解析器之后，你应该编写一个分析器，用来固化和检查输入并分析语义。在这样的简单语言中，这么做有点像牛刀杀鸡，但这是为了让你通过实现一种玩具语言而完成对整个过程的练习。记住，分析器的一项重要工作是跟踪脚本中不同位置的变量定义，以便解释器在执行期间访问它们。

在你的分析器创建好可执行的解析树之后，你可以编写一个运行它的解释器。如习题 35 中所述，编写解释器有两种方法。你可以创建一个知道如何将文法产出作为一系列输入来运行的"机器"。这会将你的文法产出类（Expression、Assignment 等）视为机器代码，并简单执行它们包含的内容。对于 Python 这样的 OOP 语言，另一种风格是让每个产出类都知道如何运行自己。在这种风格中，类是"智能的"，它们会基于自己的环境执行它们需要的步骤，从而达到期望结果。然后你只需要调用 run 函数遍历文法产出列表，直至列表耗尽。

你的选择决定了你的小编译器需要存储状态的位置。如果你创建了一个简单的 Interpreter 类，让它执行产出数据对象，那么 Interpreter 可以跟踪所有状态并扮演一个"计算机"的角色，但是这样做会让语言更难扩展，因为你必须为每个产出类改进每个 Interpreter 类。如果产出类知道如何执行自己的代码，那么扩展语言就很容易，但是你必须找到一种方法在每次产出之间传递计算机的状态。

在处理这个问题时，我建议你就从一个小的表达式开始，如加法。让它先在整个系统中跑起来，从扫描器一直到运行简单的加法。然后，如果你不喜欢这种设计，可以将其丢弃并使用不同的设计再次实现它。一旦你的设计正常工作了，你就可以用更多的功能扩展你的语言。

巩固练习

1. 最好的巩固练习是创建可以执行计算并返回结果的函数。如果你能做到这一点，那么你的设计就可能会适用于更大型的语言。

2. 接下来你可以尝试使用 if 语句和布尔检查实现流控制。如果这对你来说太难也没关系，你只需要试一试。

进一步研究

尽可能深入了解 bc 或 Python 语言。试着找找其他的文法文件，多多阅读和学习，尤其是多看看各种 IETF 协议描述。IETF 规范一般都写得索然无味，但阅读它们是很好的练习。

小小 BASIC

你现在要穿越到我的童年时代，实现一个 BASIC 解释器。这里的 BASIC 不是"简单基础"的意思，而是一种叫作 BASIC 的编程语言。它最早是由 John Kemeny 和 Thomas Kurtz 在 Dartmouth 上创造的一种编程语言。这个版本的基本版叫作 Dartmouth BASIC，在 Dartmouth BASIC 的维基百科页面中有一个示例：

```
5 LET S = 0
10 MAT INPUT V
20 LET N = NUM
30 IF N = 0 THEN 99
40 FOR I = 1 TO N
45 LET S = S + V(I)
50 NEXT I
60 PRINT S/N
70 GO TO 5
99 END
```

左边的那些数字实际上是手动输入的行号。你告诉 BASIC 每行一个数字，然后你只要通过告诉它 GO TO（转到）该行就能实现循环。后来在其他版本的 BASIC 中变成了 GOTO，成了那个计算时代的象征。

BASIC 的维基百科页面还记录了 BASIC 的后续版本，它显示了语言经过长期演变，变得越来越现代。过了一段时间，它加入了 C 和 Algol 风格的结构，然后加入了面向对象。今天你可以找到相当高级的 BASIC 版本。如果你想了解免费的现代版 BASIC，可以去看看 Gambas BASIC。

习题挑战

你面临的挑战是实现一个原始的 BASIC 解释器——具有手动行号和全大写大型机文本格式的解释器。你需要查看 BASIC 的维基百科页面来获取可能的记号和示例代码，并阅读 Dartmouth BASIC 的维基百科页面了解更多线索。你的解释器要能够处理原始 BASIC 的多数功能，并生成有效输出。

在尝试的过程中，我建议你先从简单的数学运算、打印和行号跟踪入手。然后我会努力让 GOTO 正常运行。完成这些以后，你可以完成剩下的工作，并慢慢开发出一套测试程序，以确保你的解释器运行良好。

祝你好运！完成本习题可能需要一段时间，但它应该是非常有趣的。如果让我做，我可能会在它上面花好几个月的时间，只是为了添加图形处理之类的傻傻的功能，以便我重温小时候制作那些愚蠢小程序的回忆。我写过很多 BASIC 代码，这段经历肯定扭曲了我的大脑对行数的感觉。这也许正是我非常喜欢 Vim 的原因。

巩固练习

本习题很难，但如果你想要完成一些额外的挑战，可以尝试以下事项。

1. 使用像 SLY 这样的解析器生成器创建一个新的解释器。有了 ABNF，这应该会变得更容易，但对于 BASIC 这样的语言可能会变得更难。你得自己试了才知道答案。

2. 尝试制作一个"结构化 BASIC"版本，让它支持函数、循环、if 语句，以及各种旧式非面向对象编程语言（如 C 和 Pascal）中的语言功能。这个任务量非常大，所以我建议你别自己手写 RDP。最好是使用像 SLY 这样的工具来生成解析器，留着你的大脑处理更重要的信息就好了。

第六部分 SQL 和对象关系映射

在本部分中，我们将介绍一些不太适合本书其余部分结构的内容，但对初级开发人员来说，这是一个非常必要的主题。了解了如何将数据存储到 SQL 数据库，你就知道了如何从逻辑上思考数据存储要求。有一种由来已久的数据结构化方案，它可以有效存储和访问数据。近年来，NoSQL 数据库的发展发生了一些变化，但关系数据库设计背后的基本概念仍然是有用的。只要涉及存储数据，都需要理解数据，并对数据进行良好的结构化。

因为本部分的大多数习题都涉及 SQL 数据库，所以我建议你从 SQLite3 网站上下载 sqlite3 的二进制文件。一般安装 Python 以后系统会装好 sqlite3 的依赖。如果你不能在 Python 命令行中运行以下命令就说明你的 Python 并没有默认安装 sqlite3：

```
>>> import sqlite3
```

你需要找出没安装的原因，很可能你要先安装另一个软件包，然后才能在 Python 中使用 sqlite3。

理解 SQL 就是理解表

在开始本部分的习题之前，你需要完全理解一个概念，许多 SQL 初学者都卡在了这一环上：**SQL 数据库中的每样东西都是表。**

把它刻到你的脑海里。我说的"表"和电子表格的意思完全相同，左侧有行，顶部有列。通常，你可以用该列存储的数据类型来命名列。然后每行代表你需要放入表中的一件东西，可以是一个账户，可以是个人信息列表，也可以是食谱甚至汽车。每行放一辆汽车，每列是你关心的某一个汽车属性。

这给很多程序员带来了困难，因为我们习惯以树状结构思考问题：一个对象里包含另一个对象，后一个对象里有一个列表，这个列表里有一个字典，而字典里又包含映射到数据的字符串。我们将内容嵌套在内部，而这样的数据结构并不适合表存储。对大多数程序员来说，似乎这两个结构（表和树）不能共存，但树和表实际上非常相似。几乎所有树状结构都可以映射为矩阵，但你必须理解 SQL 数据库的另一个概念——关系。

关系的存在，让 SQL 数据库变得比电子表格更有用。电子表格可以让你创建一整套工作表，并在其中放入不同类型的数据，但电子表格很难将这些工作表链接在一起。SQL 数据库的终极目的是使用列或其他表，将多个表链接在一起。SQL 数据库的高明之处，是它只使用了一个结构（表），通过让你将表链接在一起的操作，构建出几乎任何类型的数据结构。

我们将学习 SQL 数据库中的关系，但有一个快速的答案：如果你的数据是树状结构，那么你可以将该树放入一个或多个表中。在本书的这个阶段，如果要把一组相关的 Python 类转换为 SQL 数据库表，你可以像下面这样做。

1. 每一个类创建一张表。

2. 在子类对应的表中添加 id 行，让它们指向父类对应的表。

3. 对于通过列表链接起来的两个类，为它们创建一张用来链接二者的表。

实际过程比这复杂得多，但这是将一组类转换为 SQL 时所做的主要事情。事实上，像 Django 这样的系统所做的大部分工作，都只是上述 3 件事的更复杂版本而已。

你将学到什么

本部分内容的目的不是教你如何成为 SQL 系统管理员。如果你想做那份工作，我建议你学习关于 Unix 的所有知识，然后通过提供技术认证的公司获得认证。请记住，这不是一个非常有趣的工作，这份工作感觉有点儿像给一大群猫当保姆，而且是成年猫，不是小奶猫。

在第六部分结束时，你将学到 SQL 的基本工作原理。这是一个 SQL 的速成课，你的最终任务是自己创建一个类似于 Django 的对象关系映射器（Object Relational Mapper，ORM）。本部分只是了解 SQL 如何工作的一个跳板，旨在为你提供足够的信息，让你了解 Django 等系统里边发生了些什么。

如果你想在自己的工作中学习更多知识，我推荐你去读 Joe Celko 的 *SQL for Smarties*（第 5 版）（Morgan Kaufmann，2014），而且你少不了要在上面花些时间。Joe 的书很厚但非常完备，而且他是 SQL 的大师。他的这本书会大大提升你的能力。

SQL 简介

要学习如何建模和设计可靠数据，最好的方法是从基础开始。数十年来，SQL 风格的数据库一直是数据建模和存储的标准。一旦你了解了基本的 SQL，就可以轻松地使用任何 NoSQL 或对象关系映射（Object Relational Mapping，ORM）系统。SQL 是一种非常正式的存储、操作和访问数据的方式，它可以让你以规范的方式思考数据。这也不是很难，因为 SQL 语言和别的编程语言不一样，它并不是一种图灵完备的完整编程语言。

SQL 无处不在，我这么说不是因为我希望你使用它，这只是一个事实。我相信你现在的口袋里就有一些 SQL。所有 Android 手机和 iPhone 里都有一个可以轻松访问的叫作 SQLite 的 SQL 数据库，手机上的许多应用程序都需要直接使用它。SQL 数据库运行在银行、医院、大学、政府、小企业和大型企业中，几乎每台计算机，以及地球上的每个人，都会触及运行 SQL 的设备或应用。SQL 是一项极其成功和可靠的技术。

SQL 的问题似乎是每个人都讨厌它的内部。这是一种奇怪的、笨拙的"非语言"，大多数程序员都无法忍受它。它的设计早在任何现代问题之前，那个时候"网络规模"甚至连"面向对象编程"都还不存在。尽管它的基础是坚实的数学构建理论，但它有足够多的缺点令人讨厌。树？嵌套对象？父子关系？SQL 不会给你面子，它只会给你一个巨大的扁平表，跟你说："兄弟，你自己搞定吧。"

如果人人都讨厌 SQL，为什么还要学习它呢？因为这种所谓的反感背后，是人们缺乏对 SQL 概念和应用的理解。NoSQL 运动在一定程度上是因为数据库服务器过时了，也是因为人们因不了解而恐惧 SQL。通过学习 SQL，你会学到适用于过去和现在的几乎所有数据存储系统的重要理论概念。

无论 SQL 反对者说什么，你都应该学习 SQL，因为它无处不在，实际上学会 SQL 并没有那么难。如果能对 SQL 有深入理解，当你面临使用哪种数据库或者是否要使用 SQL 的问题时，你就能做出明智的决策。同时，你作为程序员，也将能获得对于众多系统的深入理解。

什么是 SQL

我把 SQL 读作"sequel"，但如果你愿意，你也可以按字母读作"S-Q-L"。SQL 也是 Structured Query Language（结构化查询语言）的缩写，但这一点并不重要，它只是一个营销策略而已。SQL 是一种为你提供与数据库中数据交互的语言。它的优点在于它与多年前建立的理论非常吻合，该理论定义了结构良好的数据的属性。一些批评者会抱怨它和理论并不完全相同，但它已经足够接近，在应用层面是没有任何问题的。

SQL 的工作原理，是它理解表中的字段以及如何根据字段的内容在表中查找数据。然后，所有 SQL 的操作都是对表执行下面 4 种常规操作之一。

- **创建**（create）：把数据放到表中。

- **读取**（read）：从表中查询数据。

- **更新**（update）：更改表中已有的数据。

- **删除**（delete）：从表中移除数据。

它们可以缩写为 CRUD，CRUD 被认为是每个数据存储系统必须具备的一组基本功能。事实上，如果你不能以某种方式做到这 4 个中的任何一个，那么你最好有一个能说服所有人的理由。

有一种解释 SQL 工作原理的方法我很喜欢，那就是将它与 Excel 之类的电子表格软件进行比较。

- "数据库"是一个完整的电子表格文件。

- "表"是电子表格的一个标签页/工作表，每个工作表都有一个名字。

- "列"在两者中是一样的。

- "行"在两者中也是一样的。

- SQL 提供了一种语言进行 CRUD 操作，从而创建新表或者修改已有的表。

最后一项很重要，不理解这条会导致很多问题。SQL 只知道表，每个操作都会生成表，要么通过修改现有表来"生成"表，要么返回一个新的临时表作为数据集。

在阅读本书的过程中，你将逐渐理解此设计的重要性。例如，面向对象编程语言与 SQL 数据库不匹配的原因之一，是面向对象编程语言是围绕图（graph）组织的，但 SQL 只会返回表。因为几乎任何图都可以映射到表，任何表也可以映射到图，它们之间是可以互相交流的，但翻译的负担就落在了面向对象编程语言的身上。如果 SQL 能返回嵌套数据结构，那么一切就不成问题了。

准备工作

我们将使用 SQLite3 作为本节的训练工具。SQLite3 是一个完整的数据库系统，它的优点是几乎不需要设置。你只需下载二进制文件，像大多数其他脚本语言一样使用它就可以了。使用 SQLite3，你就能够直接学习 SQL，而不会陷入管理数据库服务器的麻烦中。

安装 SQLite3 很容易，只要照着下面两条之一去做就好。

- 去 SQLite3 网站下载适用于你的平台的二进制文件。查找 "Precompiled Binaries for X"（X 平台的预编译二进制程序），X 是你选择的操作系统。

- 使用你的操作系统包管理器安装它。如果你用的是 Linux 系统，你应该知道我说的是什么意思。如果你用的是 macOS 系统，那么你要先装一个包管理器，然后再用它安装 SQLite3。

安装完成后，确保可以启动命令行并运行 SQLite3。你可以用下面的方法测试一下：

```
$ sqlite3 test.db
SQLite version 3.7.8 2011-09-19 14:49:19
Enter ".help" for instructions
Enter SQL statements terminated with a ";"
sqlite> create table test (id);
sqlite> .quit
```

看看 test.db 文件有没有被创建出来。如果一切都没问题，那么你就准备完成了。你要确保你的 SQLite3 版本与我这里的版本一样，也是 3.7.8。有时旧版本中会有一些东西不能正常工作。

学习 SQL 术语

要开始学习 SQL，你需要为这些 SQL 术语创建速记卡（或使用 Anki）。在后续的练习中，你将学习如何将每个 SQL 术语应用于不同的问题。思考 SQL 语言的最佳方式是把一切都看作创建（create）、读取（read）、更新（update）和删除（delete）操作。即使一个术语是插入（insert），你仍然要将其视为创建操作，因为它会创建数据。首先你要花一些时间记住这些单词，然后在本节习题中继续巩固记忆。

- **CREATE**：创建可以存储数据列的数据库表。
- **INSERT**：为数据库表插入行，并为其中的各列填入数据。
- **UPDATE**：修改表的一列或者多列。
- **DELETE**：从表中删除一行。
- **SELECT**：查询一个或者一系列表，并返回一个包含查询结果的临时表。
- **DROP**：销毁表。
- **FROM**：通常是 SQL 查询语句的一部分，用来指定需要使用哪些表或者列。

- **IN**：用来标志一个元素集合。
- **WHERE**：在查询语句中表示东西来自哪里。
- **SET**：和 UPDATE 共用，用来表示哪些列应该被改为哪些值。

SQL 文法

接下来，你要为 SQL 的重要文法结构制作另一组卡片。数量不太多，先写下来（或者使用 Anki）并开始巩固记忆它们，以便你更快地学会这种语言。你正在学习的文法是我们将在本书中使用的 SQLite3 数据库的语法。这是一种相当常见的 SQL 文法，但每个数据库都有不同的独特风格，你在使用的时候需要专门去学习。不过，你学会了这种文法以后，一旦遇到别的数据库，你应该更容易弄清楚它里边用的一些东西。

你需要访问 SQLite3 定义页面来创建你需要的卡片。这个页面列出了所有需要理解的 SQLite 语法内容，但你只需要关注我上面列出的主要语句。把不理解的其他词汇也加上。这里的图表有些复杂，但它们只是 SQL BNF 的图形视图，BNF 在第五部分中你已经学过了。如果你不记得 ABNF，请回到第五部分重新学习它。

进一步研究

1. 查看 SQLite3 的文法列表文档中的所有命令。大部分内容都不是那么易懂，但如果你碰到有意思的内容，把它们也写在卡片上。
2. 在你完成习题的过程中不断巩固记忆这些卡片上的内容。

SQL 的创建操作

当我们谈论缩写 CRUD 时，"C"代表"创建"，但它不仅意味着创建表格，还表示将数据插入表中，并使用表和插入操作来链接表。由于我们需要一些表和一些数据来完成 CRUD 的其余部分（读取、更新和删除），因此我们先学习如何在 SQL 中执行最基本的创建操作。

创建表

在习题 38 的介绍中，我说了你可以对表内的数据进行 CRUD 操作。那么如何制作表呢？通过对数据库模式（schema）执行 CRUD，你要学习的第一个 SQL 语句是 CREATE。

ex1.sql

```
1  CREATE TABLE person (
2      id INTEGER PRIMARY KEY,
3      first_name TEXT,
4      last_name TEXT,
5      age INTEGER
6  );
```

你可以把这一切写成一行，但因为我需要对每一行进行讲解，所以就写成了多行。下面是每一行的作用。

- 第 1 行：开始创建表（CREATE TABLE），表的名字为 person，括号里是你需要的字段。

- 第 2 行：id 列，它用来区别每一行。列的格式是"列名 类型"，这里我要一个 INTEGER（整数）类型，而且它还是一个 PRIMARY KEY（主键）。这样做就告诉 SQLite3，让它特别对待这一列。

- 第 3~4 行：first_name 和 last_name 列，类型都是 TEXT（文本）。

- 第 5 行：age 列，类型就是 INTEGER（整数）。

- 第 6 行：列定义完成，用括号和分号收尾。

创建多表数据库

创建一个表用处并不太大，我要求你现在创建 3 个表，用来存储数据。

ex2.sql

```
1   CREATE TABLE person (
2       id INTEGER PRIMARY KEY,
3       first_name TEXT,
4       last_name TEXT,
5       age INTEGER
6   );
7
8   CREATE TABLE pet (
9       id INTEGER PRIMARY KEY,
10      name TEXT,
11      breed TEXT,
12      age INTEGER,
13      dead INTEGER
14  );
15
16  CREATE TABLE person_pet (
17      person_id INTEGER,
18      pet_id INTEGER
19  );
```

在这个文件中，你为两种类型的数据创建了表，然后将它们与第三个表"链接"在一起。人们将这些"链接"表称为"关系"（relation），但是学究式的人会把所有的表都称为"关系"，并且喜欢迷惑那些只想完成工作的人。在我的书中，具有数据的表是"表"，只有链接在一起的表才称为"关系"。

这里除了 person_pet 没有任何新东西，你会看到我创建了两个列，即 person_id 和 pet_id。如何将两个表链接在一起呢？只需在 person_pet 中插入一行，该行具有你要连接的两行 id 列的值。如果 person 包含一行 id = 20 并且 pet 有一行 id = 98，就是说这个人拥有这个宠物，你需要把 person_id = 20 和 pet_id = 98 插入到 person_pet 关系（表）中。

在接下来的练习中，我们会进行实际的数据插入操作。

插入数据

你已经有了几个表，现在我将使用 INSERT 命令将一些数据放入其中。

ex3.sql

```
1   INSERT INTO person (id, first_name, last_name, age)
2       VALUES (0, "Zed", "Shaw", 37);
3
4   INSERT INTO pet (id, name, breed, age, dead)
5       VALUES (0, "Fluffy", "Unicorn", 1000, 0);
6
7   INSERT INTO pet VALUES (1, "Gigantor", "Robot", 1, 1);
```

在这个文件中，我使用了两种不同形式的 INSERT 命令。第一种形式是更明确的风格，也是你最有可能使用的风格。它指定要插入的列，接着是 VALUES，然后是要包含的数据。这两个列表（列名和值）都在括号内，并用逗号分隔。

第 7 行的第二个版本是一个缩写版本，它不指定列，而是依赖表中的隐式顺序。这种格式很危险，因为你不知道你的语句实际访问的是哪个列，并且某些数据库并没有可靠的列排序。只有当你实在懒得打字的时候，才可以使用这种形式。

插入参考数据

在上一节中，你填写了人和宠物的表格。唯一缺少的是谁拥有什么宠物，将这些数据插入 person_pet 表的操作如下。

ex4.sql

```
1   INSERT INTO person_pet (person_id, pet_id) VALUES (0, 0);
2   INSERT INTO person_pet VALUES (0, 1);
```

这次我还是先使用了显式格式，然后才是隐式格式。它的原理是这样的，我用了 person 表中我想要的某一行的 id 值（这里值是 0）和 pets 表中我想要的某一行中的 id（0 表示 Unicorn，1 表示 Doad Robot）。然后，我针对 person 和 pet 之间的每个"连接"，在 person_pet 关系表中插入了一行。

习题挑战

1. 使用其他 INTEGER 和 TEXT 字段创建另一个数据库，用来存储一个人可能拥有的其他东西。

2. 在这些表格中，我制作了第三个关系表来链接它们。可不可以去掉这个关系表 `person_pet`，并将这些信息直接写入 `person` 表中？这么做会带来什么变化？

3. 如果你可以将一行放入 `person_pet` 表，那么可以放多行吗？怎样在表里存储一个拥有 50 只猫的"猫奴"？

4. 创建另一个汽车的表，并创建它和拥有者的对应关系表。

5. 搜索一下"sqlite3 datatypes"，然后阅读"Datetypes in SQLite Version 3"文档。用笔记记录可用的数据类型，同时将别的看似重要的东西也都记下来。我们后面会讲更多内容。

6. 在表中插入你的个人信息以及你拥有的宠物（或者你假想的宠物）。

7. 如果你前面改了数据库，已经没有 `person_pet` 表了，那就创建一个新的数据库，使用旧的数据库定义，然后插入一样的信息。

8. 回到数据类型列表，记录不同类型数据的格式，例如，你可以记录一下 TEXT（文本）数据有多少种写法。

9. 添加你和你的宠物的联系。

10. 使用此表，一个宠物可以由多人拥有吗？这在逻辑上可行吗？如果一条狗属于一家人需要怎样记录？是不是每个家庭成员都是它的主人？

11. 假设你有一个替代设计，可以将 `pet_id` 放在 `person` 表中，哪种设计更适合上述情况？

进一步研究

阅读 SQLite3 CREATE 命令的文档，然后查看尽可能多的其他 CREATE 语句。你还应该去阅读 INSERT 文档，这将引导你阅读更多其他页面。

SQL 的读取操作

CRUD 的四大操作，目前你只学了创建。你可以创建表，也可以在这些表中创建行。现在我将向你展示如何读取，在 SQL 中叫作 SELECT。

ex5.sql

```
1    SELECT * FROM person;
2
3    SELECT name, age FROM pet;
4
5    SELECT name, age FROM pet WHERE dead = 0;
6
7    SELECT * FROM person WHERE first_name != "Zed";
```

下面逐行解释一下。

- 第 1 行：这一行的意思是"选择 person 表中的所有列，然后返回所有行"。SELECT 语句的格式是"SELECT 查询对象 FROM 一个或多个表格 WHERE 查询条件"，其中，WHERE 子句是可选的，*的意思是选择所有列。

- 第 3 行：在这里我只从 pet 表中请求 name 和 age 两列，它会返回所有行。

- 第 5 行：现在我在查找来自 pet 表的相同列，但我要求只包含 dead = 0 的行。它会给我所有活着的宠物。

- 第 7 行：最后，我选择 person 表中的所有列，就像在第 1 行中一样，但现在我只需要其中 first_name 不等于"Zed"的行。WHERE 子句决定返回或不返回哪些行。

跨表选择行

希望你已经理解了如何从表格中选择数据。永远记住这一点："SQL 只认识表，SQL 只喜欢表，SQL 只返回表！"我故意这样重复说明，是为了让你意识到，你在编程中所学的东西并不会对学习 SQL 有所帮助。在编程中，你处理的是图；在 SQL 中，你处理的是表。它们是相关的概念，但心理模型是不同的。

下面是一个不一样的例子。想象一下，你想知道 Zed 拥有什么宠物。你需要写一个 SELECT，在 person 表里查找，然后"不知何故"就找到对应的宠物了。要做到这一点，你必须查询 person_pet 表以获得你需要的 id 列。我是像下面这样做的。

ex6.sql

```
1  SELECT pet.id, pet.name, pet.age, pet.dead
2     FROM pet, person_pet, person
3     WHERE
4     pet.id = person_pet.pet_id AND
5     person_pet.person_id = person.id AND
6     person.first_name = "Zed";
```

这个看起来有点儿复杂，我会将其分解着加以说明，以便你能够明白——它只是基于 3 个表中的数据和 WHERE 子句制作了一个新表。

- 第 1 行：我只想要 pet 表中的一些列，所以我用 SELECT 指定它们。在上一个练习中，你使用 * 来表示"所有列"，但在这里并不适合这样做。你需要明确地说出你想要每个表中的哪一列，你可以通过在 pet.name 中使用 table.column 来实现。

- 第 2 行：要将 pet 连接到 person，我需要通过 person_pet 关系表实现。在 SQL 中，这意味着我需要在 FROM 之后列出所有 3 个表。

- 第 3 行：开始 WHERE 子句。

- 第 4 行：我先把 pet 连接到 person_pet，这是通过两个相关的 id 列 pet.id 和 person_pet.id 做到的。

- 第 5 行：然后我要把 person 和 person_pet 用同样的方式连接起来，现在数据库可以搜索 id 列匹配的行，也就是有连接关系的行。

- 第 6 行：最后我通过添加 person.first_name，实现了搜索仅属于我的宠物的功能。

习题挑战

1. 写一个查询语句，找出所有年龄小于 10 岁的宠物。

2. 写一个查询语句，找出所有比你年轻的人，然后找出所有比你年长的人。

3. 写一个查询语句，在 WHERE 子句里使用多个条件，如 WHERE first_name = Zed AND age > 30。

4. 写一个查询语句，使用 3 个列的信息查询行，要同时用到 AND 和 OR 操作符。

5. 如果你已经学过像 Python 或 Ruby 这样的语言，那么查询数据对你来说可能特别新奇。花时间使用类和对象为相同的关系建模，然后将其映射到此配置。

6. 写一个查询语句，找出你添加的所有宠物。

7. 修改查询语句，用 person.id 取代我之前用的 person.name。

8. 浏览运行的输出，确保自己知道各个 SQL 命令分别生成了哪些表，以及它们是如何生成输出的。

进一步研究

通过 SQLite 官方网站查阅 SELECT 命令的文档，深入学习 SQLite3，另外再看看 EXPLAIN QUERY PLAN 功能的文档，如果你好奇为什么 SQLite3 做了某件事情，你可以用 EXPLAIN 找到答案。

SQL 的更新操作

你现在已经学习了 CRUD 的 CR 部分，剩下的就是更新和删除操作了。与所有其他 SQL 命令一样，UPDATE 和 DELETE 格式类似，只是 UPDATE 会更改行中的列而不是删除列。

ex9.sql

```
1   UPDATE person SET first_name = "Hilarious Guy"
2       WHERE first_name = "Zed";
3
4   UPDATE pet SET name = "Fancy Pants"
5       WHERE id=0;
6
7   SELECT * FROM person;
8   SELECT * FROM pet;
```

在上面的代码中，我将我的名字改为"Hilarious Guy"，将我的宠物改名为"Fancy Pants"。

上面的代码应该不难理解，但以防万一，我打算解释一下第一句。

1. 从 UPDATE 开始，然后是你要更新的表的名称，这里是 person 表。

2. 然后使用 SET 指明哪一列需要改为什么值。你可以修改任意多个列的值，多个修改要用逗号隔开，如 first_name = "Zed", last_name = "Shaw"。

3. 然后写一个 WHERE 子句，里边提供一个类似 SELECT 风格的检查条件，用来检查每一行。当 UPDATE 找到了匹配的行，它就会进行更新，用 SET 把对应的列改为你指定的值。

更新复杂数据

在上一个例子中，我让你在 UPDATE 里做一个子查询，现在你要用它来修改我拥有的所有宠物，把它们命名为 "Zed's Pet"。

ex10.sql

```
1   SELECT * FROM pet;
2
3   UPDATE pet SET name = "Zed's Pet" WHERE id IN (
```

```
 4      SELECT pet.id
 5      FROM pet, person_pet, person
 6      WHERE
 7      person.id = person_pet.person_id AND
 8      pet.id = person_pet.pet_id AND
 9      person.first_name = "Zed"
10  );
11
12  SELECT * FROM pet;
```

这是你根据一个表中的信息更新另一个表的方法。还有其他方法可以做同样的事情，但现在这种方式最容易理解。

替换数据

我将向你展示另一种插入数据的方法，这种方法在对行进行原子替换时非常有用。你不一定经常用到，但是如果你必须替换整个记录，而又不想写一个复杂的使用到事务的 UPDATE 时，那么它就有用了。

在这种情况下，我要用另一个人替换我的记录，但保留 ID 不变。问题是我必须在事务中执行 DELETE/INSERT，以使其成为原子操作，否则我就需要执行完全的 UPDATE。

另一种更简单的方法是使用 REPLACE 命令，或将其作为修改语句添加到 INSERT 中。在以下的 SQL 语句中，我一开始插入新记录失败，然后我使用这两种形式的 REPLACE 实现成功插入。

ex11.sql

```
 1  /* This should fail because 0 is already taken. */
 2  INSERT INTO person (id, first_name, last_name, age)
 3      VALUES (0, 'Frank', 'Smith', 100);
 4
 5  /* We can force it by doing an INSERT OR REPLACE. */
 6  INSERT OR REPLACE INTO person (id, first_name, last_name, age)
 7      VALUES (0, 'Frank', 'Smith', 100);
 8
 9  SELECT * FROM person;
10
11  /* And shorthand for that is just REPLACE. */
12  REPLACE INTO person (id, first_name, last_name, age)
13      VALUES (0, 'Zed', 'Shaw', 37);
14
15  /* Now you can see I'm back. */
16  SELECT * FROM person;
```

习题挑战

1. 先通过 `person.id` 找到我的记录，并使用 `UPDATE` 把我的名字改回 "Zed"。

2. 写一个 `UPDATE`，将所有死亡的动物重命名为 "DECEASED"。如果你试图说它们是 "DEAD" 的就会失败，因为 SQL 会认为你的意思是 "将它设置到名为 DEAD 的列"，这不是你想要做的事情。

3. 试着使用子查询语句，它跟 `DELETE` 语句类似。

4. 到 "SQL As Understood By SQLite" 文档页面，阅读关于 `CREATE TABLE`、`DROP TABLE`、`INSERT`、`DELETE`、`SELECT` 和 `UPDATE` 的文档。

5. 尝试你在这些文档中找到的一些有趣的东西，并记下你不理解的内容，以便以后继续研究。

进一步研究

像往常一样，继续深入阅读 SQLite3 语言文档，去 SQLite 官方网站阅读关于 `UPDATE` 的文档。

SQL 的删除操作

本 习题最简单，但是我希望你在录入代码之前先思考一会儿。如果针对 SELECT 可以写 SELECT * FROM，针对 INSERT 可以写 INSERT INTO，那么 DELETE 的语句格式会是怎样的？你可以继续阅读，但也可以先猜猜它会是什么，然后再接着往下读。

ex7.sql

```
1   /* make sure there's dead pets */
2   SELECT name, age FROM pet WHERE dead = 1;
3
4   /* aww poor robot */
5   DELETE FROM pet WHERE dead = 1;
6
7   /* make sure the robot is gone */
8   SELECT * FROM pet;
9
10  /* let's resurrect the robot */
11  INSERT INTO pet VALUES (1, "Gigantor", "Robot", 1, 0);
12
13  /* the robot LIVES! */
14  SELECT * FROM pet;
```

这里我通过先删除再写入的方式，把 robot 改成了 dead = 0，这是一种很复杂的更新方式。在下面的练习中，我将展示如何使用 UPDATE 命令来执行此操作，因此不要认为这是进行更新的真实方法。

除第 5 行之外，这个脚本中的大多数行你都已经很熟悉了。这里有 DELETE，它的格式与其他命令几乎相同："DELETE FROM 表的名称 WHERE 查询条件"。一种思考 DELETE 的方式就是，把它当作一个可以删除行的 SELECT。任何在 WHERE 子句中起作用的东西都可以用在这里。

使用别的表进行删除

记得我说过："DELETE 和 SELECT 类似，只是 DELETE 是从表中删除行。"这里的限制是你一次只能从一个表中删除内容。这意味着，如果要删除所有的宠物，你需要一次次地查询，然后根据查询结果删除。

实现此目的的一种方法是使用子查询语句，让它根据你已编写的查询语句选择要删除的 ID。还有其他方法可以做到这一点，但这种方法跟你现在具备的知识最接近。

ex8.sql

```
1  DELETE FROM pet WHERE id IN (
2      SELECT pet.id
3      FROM pet, person_pet, person
4      WHERE
5      person.id = person_pet.person_id AND
6      pet.id = person_pet.pet_id AND
7      person.first_name = "Zed"
8  );
9
10 SELECT * FROM pet;
11 SELECT * FROM person_pet;
12
13 DELETE FROM person_pet
14     WHERE pet_id NOT IN (
15         SELECT id FROM pet
16     );
17
18 SELECT * FROM person_pet;
```

第 1~8 行是一个正常开始的 DELETE 命令，接着 WHERE 子句使用 IN 将 pet 中的 id 列匹配到子查询返回的表里。子查询语句（也称为子选择语句）是一个普通的 SELECT，它看起来与你之前查询宠物时写的语句非常类似。

在第 13~16 行，我接着使用子查询语句，通过使用 NOT IN 而非 IN 来过滤 person_pet 表中已经不存在的宠物。

SQL 是通过下面的步骤做到这些的。

1. 先在末尾运行括号中的子查询语句，并构建一个包含所有列的表，就像普通的 SELECT 一样。

2. 将此表作为一个临时表，用以匹配 pet.id 列。

3. 遍历 pet 表并删除此临时表中所有有 id 的行。

习题挑战

1. 将 ex2.sql 到 ex7.sql 的所有内容合并到一个文件中，并重写上面的脚本，这样你只需要运行这个新文件就能重新创建数据库。

2. 为脚本添加一些语句，先删除宠物，然后使用新值再次插入这些宠物。记住，这不是更新记录的惯用做法，这里只是为了让你练习而已。

3. 练习编写 SELECT 命令，然后将它们放在 DELETE WHERE IN 中以删除找到的那些记录。尝试删除你拥有的已死的宠物。

4. 反过来，把拥有已死的宠物的人删掉。

5. 你真的需要删除已死的宠物吗？为什么不在 person_pet 表中删除它们的关系并将宠物标记为已死？写一个从 person_pet 表中删除已死的宠物的查询语句。

进一步研究

为了知识的完整性，你应该去 SQLite 官方网站阅读 DELETE 的文档。

SQL 管理

管 理一词在数据库中用得太多了。它的意思可能是"确保 PostgreSQL 服务器持续运行"，也可能是"为新软件部署更改和迁移表"。在本习题中，我仅介绍如何进行简单的模式更改和迁移。管理完整的数据库服务器超出了本书范围。

删除和修改表

你已经见过用 DROP TABLE 删除表。我将以另外一种方式使用它，并给你展示如何用 ALTER TABLE 在表中添加或删除列。

ex12.sql

```
1   /* Only drop table if it exists. */
2   DROP TABLE IF EXISTS person;
3
4   /* Create again to work with it. */
5   CREATE TABLE person (
6       id INTEGER PRIMARY KEY,
7       first_name TEXT,
8       last_name TEXT,
9       age INTEGER
10  );
11
12  /* Rename the table to peoples. */
13  ALTER TABLE person RENAME TO peoples;
14
15  /* Add a hatred column to peoples. */
16  ALTER TABLE peoples ADD COLUMN hatred INTEGER;
17
18  /* Rename peoples back to person. */
19  ALTER TABLE peoples RENAME TO person;
20
21  .schema person
22
23  /* We don't need that. */
24  DROP TABLE person;
```

为了演示命令,我对表做了一些虚假的更改。这就是你在 SQLite3 中使用 ALTER TABLE 和 DROP TABLE 语句可以执行的所有操作。我会逐行讲解,以便你理解发生了什么。

- 第 2 行:使用 IF EXISTS 修饰符,只有当表已经存在时才会删除该表。这样可以抑制在没有表的新数据库上运行 .sql 脚本时出现错误。

- 第 5 行:重新创建表格,以便进行操作。

- 第 13 行:使用 ALTER TABLE 将表重命名为 peoples。

- 第 16 行:给刚刚重命名的 peoples 表添加类型为 INTEGER 的一个新的 hatred 列。

- 第 19 行:再把 peoples 重命名回 person,因为这个名字有点儿傻。

- 第 21 行:把 person 表的模式显示出来,你可以看到里边有一个新的 hatred 列。

- 第 24 行:练习完毕,清理内容,删掉表。

迁移和数据演化

让我们应用你学到的一些技巧。使用你的数据库,并将模式"演变"为另一种形式。你需要确保你很好地理解了上一个练习,并能让你的 code.sql 正常工作。如果你没有顺利完成这两步,那就先回去完成它们。

为了确保数据库状态正常,可以继续练习。运行 code.sql 时,你应该能够像下面这样运行 .schema。

习题 13 会话

```
$ sqlite3 ex13.db < code.sql
$ sqlite3 ex13.db .schema
CREATE TABLE person (
    id INTEGER PRIMARY KEY,
    first_name TEXT,
    last_name TEXT,
    age INTEGER
);
CREATE TABLE person_pet (
    person_id INTEGER,
    pet_id INTEGER
);
CREATE TABLE pet (
    id INTEGER PRIMARY KEY,
    name TEXT,
```

```
    breed TEXT,
    age INTEGER,
    dead INTEGER,
    dob DATETIME
);
```

确保你的表看起来和我的表一样，如果不一样，那就返回并删除里边所有的 ALTER TABLE 命令或者在上一个的练习中添加的内容。

习题挑战

你的任务是执行以下更改数据库的操作。

1. 添加 dead 列到 person 表中，与 pet 表中的类似。

2. 添加 phone_number 列到 person 表中。

3. 添加 salary 列到 person 表，类型为 float。

4. 添加 dob 列到 person 和 pet 表中，类型为 DATETIME。

5. 添加 purchased_on 列到 person_pet 表中，类型为 DATETIME。

6. 添加 parent 到 pet 列，其类型为 INTEGER，用来存储该宠物的父母的 id。

7. 使用 UPDATE 语句，把新列数据更新到现有数据库记录中。不要忘记 person_pet 关系表中的 purchased_on 列，它可以表明某人何时购买了该宠物。

8. 再添加 4 个人和另外 5 只宠物，并分配他们的所有权，标明哪些宠物是父母。后者的做法是先获取 parent 的 id，然后在 parent 列中设置它。

9. 写一个查询，找出 2004 年之后购买的所有宠物及其所有者的名字。这里的关键是要基于 purchased_on 列，把 person_pet 映射到 pet 和 parent 上。

10. 写一个查询，给定一个宠物，找出它所有的子女。再提示一次，可以通过 pet.parent 来做到这一点。这实际上很简单，所以不要过度思考。

11. 更新你已放入所有代码的 code.sql 文件，让它使用 DROP TABLE IF EXISTS 语法。

12. 使用 ALTER TABLE 添加 height 和 weight 列到 person 表中，把它也放到你的 code.sql 里。

13. 运行你的 code.sql 脚本，重置你的数据库，中间不应该有任何错误。

你应该写一个 ex13.sql 文件，里边包含这些新的内容，然后使用 code.sql 重置数据库，接着运行 ex13.sql 来更改数据库，最后运行 SELECT 查询来确认你做的更改正确。

进一步研究

到 SQLite3 语言页面继续阅读 DROP TABLE 和 ALTER TABLE 的文档，并读完 CREATE 和 DROP 语句的剩余文档。

使用 Python 的数据库 API

Python 有一个标准化的数据库 API，让你可以使用相同的代码访问多个数据库。你希望连接的每个数据库都有一个不同的模块，它知道如何与该数据库通信，并遵循 PEP 249 中的标准。这使得访问具有不同 API 的数据库变得很容易。在本习题中，你将使用 sqlite3 模块来操作 SQL。

学习 API

作为程序员，你不得不经常做的一件事就是学习其他人编写的 API。我没有特意介绍最有效的方法，因为大多数程序员只是通过学习语言来学习 API。Python 语言及其模块交织得非常紧密，当你学习 Python 时，你会自然而然地学到这些模块中的 API。但是，我有一种更有效的方法来学习 API，在本习题中，你将学习这种方法。

要学习像 sqlite3 模块这样的 API，我会像下面这样做。

1. 找到 API 的所有文档，如果没有文档，就找代码。

2. 查看示例或测试代码，并复制到自己的文件中。只阅读它们通常是不够的，我通常会运行这些例子，因为有一点你可能想不到，那就是很多时候文档和当前版本的 API 并不匹配。让文档中的所有内容都运行起来，这个过程可以帮助我找到没有写入文档的所有内容。

3. 一边在我的机器上运行示例代码，一边记录下所有"我这样做没问题"（Works For Me，WFM）的情况。WFM 是编写文档的人可能遗漏重要配置步骤的地方，因为他们的计算机已经配置好了。大多数编写文档的程序员都不是在一台新机器上开始工作的，因此他们忽略了他们已经安装而其他人没有的库和软件。当我尝试在生产环境中设置 API 时，这些 WFM 的差异会让我感到困惑，所以我会记录下来以供日后参考。

4. 创建速记卡或者笔记，记录所有主要的 API 入口及其功能。

5. 参考我的笔记，试着自己编写一个使用 API 的小的研究测试。如果我不记得 API 的哪一部分了，我会跳回文档并更新我的笔记。

6. 最后，如果 API 很难用，我会考虑把它用简单的 API 封装一下，让它实现我想要做的事情，剩下的东西我就可以忽略了。

如果这样做你还是没学会 API，那么你应该考虑找一个不同的 API 来使用。如果 API 的作者告诉你"去阅读代码"，那么你可以选择一个别的包含文档的项目，去使用那个项目就好了。如果你必须使用这个 API，那么你可以考虑根据他们的代码记下你的笔记，然后写一本书去卖，谁叫那个 API 作者偷懒的。

习题挑战

你需要以这种方式研究 sqlite3 的 API，然后去尝试编写自己的数据库的简化 API。请记住，DB API 2.0 已经是一个很好的访问数据库的简单 API 了，所以在这里你只是为了练习以后遇到糟糕 API 时要封装的场景。你的目标应该是学习 sqlite3 API，然后设计一种更简单的方法来访问它。

有时"简单"纯粹是一种主观的或基于当前需求的评价。你可以决定自己需要简化的方向，它不必是笼统地与 SQL 数据库进行交流，而是依据你自己的需求与 SQL 数据库进行交流。如果你的应用程序只需要与人和宠物打交道，那么把 API 简化到只够你使用就可以了。

进一步研究

阅读别的 Python 数据库 API 的文档。你可以阅读 Pyscopg PostgreSQL API 和 MySQL Python Driver。

创建 ORM

本 书 SQL 部分的最后一个习题有一个很大的飞跃。你已经通过一个数据库学习了 SQL 语言的基础知识，你也应该精通了 Python 的 OOP，现在是时候将这两者结合起来，创建一个对象关系管理器（object relational manager，ORM）了。ORM 的工作是使用熟悉的 Python 类，并将它们转换为数据库表中存储的行。如果你用过 Django，那么你就已经使用了其 ORM 来存储你的数据。在本习题中，你将尝试逆向工程，理解如何实现 ORM。

习题挑战

在现实世界中，如果我手下的程序员要求创建他们自己的 ORM，我会说："不行。使用现有的就可以了。"工作和学习不同，因为老板要付工资，你不能用工作时间做让老板不赚钱的事情。但是，你的个人时间完全属于自己。作为初学者，你应该尝试重新创建尽可能多的经典软件。

面向对象和 SQL 之间有诸多不匹配的概念，创建 ORM 将教会你如何解决相关的问题。有时候一些问题用 SQL 建模很容易，但使用类就会栽跟头。不过 SQL 只能处理表，这也会带来问题。尝试创建自己的 ORM 会教你很多 SQL 和 OOP 的知识，所以我建议你花大量的时间，努力制作一个你能力范围内最好的 ORM。

ORM 中应包含下面这些主要功能。

1. 要保证从外部将字符串传递给 ORM 是安全的。如果你使用 f 字符串来制作 SQL，那么就做错了。原因是，如果你执行 f"SELECT * FROM {table_name}，那么有人就可以在外部将 table_name 设置为 SQL，如 person; DROP TABLE person。你的数据库很可能会运行它并破坏所有内容，甚至比这更糟。有些数据库甚至允许你在 SQL 中运行系统命令。这种情况叫 "SQL 注入"，你的 ORM 中不应该让它发生。

2. 所有 CRUD 操作都在 Python 中。我建议你跳过 CREATE TABLE 部分，直到你完成所有其他工作。简单的 INSERT、SELECT、UPDATE 和 DELETE 很容易制作，但是要从类定义创建数据库，你需要一些很牛的 Python 技巧才能实现。建议你先使用手工制作的 .sql 文件来创建数据库，等所有的东西都能用了，你再去尝试用一个模式系统来替换 .sql 文件。

3. 我们有 SQL 类型，还有用来处理 SQL 类型的新类型，将它们和 Python 里的类型匹配。你可能会发现必须进行一些转换才能将 Python 的数据类型放入 SQL 表中。也许这太痛苦了，所以你最终制作了自己的数据类型。Django 就是这样做的。

事务是高级话题，但你也可以试着实现一下。

我还要说的是，在本习题中，你可以随便从别的项目中获取功能。在设计的时候，你可以随意查看 Django 的 ORM。最后，我强烈建议，你一开始只要让你创建的小数据库能用就可以了，等你的数据库能用了，再继续把它改成任何数据库都能用的 ORM。

进一步研究

正如本书开头就提到的，Joe Celko 的 *SQL for Smarties*（第 5 版）（Morgan Kaufmann，2014）可以教会你关于 SQL 你需要了解的每样东西。Joe 的书非常出色，可以带给你的知识远远超越这个小小的速成课。

第七部分 终极项目

在本书的最后一个部分，你要上手更高级的项目，并尝试把个人流程固定下来。这些项目难易程度不等，但它们能帮你确定一个适合自己的流程。最重要的是，你应该分析你是如何工作的，找出什么对你最有利。也许你没有遵照我在本书中的建议，没有去学习关于个人发展的所有内容，但我还是希望你能吸收本书中这方面有用的内容，并找到自我分析的方法。这样做将会让你的成长更为迅速，并且能够提高你作为程序员的编程能力。

我们应该先复习一下到目前为止学到的内容，因为你后面需要尽可能多地应用它们。

- 在第一部分中，你学习了一些介绍性知识。
- 在第二部分中，你学习了如何开始写代码，如何顺利开始自己的工作。
- 在第三部分中，你了解了数据结构和算法，同时还学会了如何专注于质量和编写良好的测试用例。
- 在第四部分中，你学习了通过测试驱动开发（TDD）和审计将测试和质量管理技能应用于项目中。
- 在第五部分中，你学习了解析，同时学习了如何在写代码和测试时测量质量。
- 在第六部分中，你学习了 SQL 数据库，并学习了一个分析和构建数据的新流程。

在本部分中，你要把以上所有内容应用于一组项目中，以确保关注以下 3 个方面的改进。

1. 流程：定义流程并严格执行。
2. 质量：执行自动化测试，使用测试工具，跟踪你的质量提升。
3. 创新：试着解决定义不明确的问题，从松散有趣的代码开始尝试。

你的流程是什么

在本书里，我向你说明了我希望你使用哪些流程工具。在每一部分我都会给你一个不同的挑战，或专注于过程，或专注于质量，或专注于创新，然后让你练习处理它们。你一直在跟踪工作质量，并查看哪些内容适用于自己以及哪些不适用。现在是时候去开发你自己的项目流程，然后将其应用到本部分的项目中了。

花点儿时间提出你的流程主题。先快速尝试写代码然后 TDD？直接 TDD 加上大量的审计？直接写代码加审计？我的意思不是让你只挑选两件事来做，你应该想出你的主题，将其视为你个人风格的选择。我碰巧喜欢帽子和红色衬衫。别问我为什么，我只是喜欢而已。这段流程描述要说的就是这个。在夏天你喜欢穿波尔卡圆点连衣裙和黄鞋子，编程时我一般喜欢"写代码，优化，测试，破坏"这样的流程。

有了简单的主题后，就可以为这个主题制定步骤了。把它们写在卡片上，方便你照着去做，我要警告你，简单的流程比复杂的流程更好。复杂的流程处理起来会更难。你的流程应该兼顾创造力和质量。我的流程对于不同的项目是不同的，但是在本书中我已经教过你我所有的东西了。用到目前为止我教给你的东西整理出你自己的想法。

总结出流程后，回到你的笔记，看看你是否可以找到指标来支持你所选择的内容。也许你已经选择了 TDD，因为它让你感觉这样写出的代码更可靠，但是你发现在第五部分中的质量指标并不是那么好。使用你喜欢的流程当然会让你更开心，但是如果你喜欢的流程不能提高你的工作质量，那么就该把它扔进垃圾桶了。

弄清楚流程之后，就可以开始搞项目了。不要害怕犯错。有时我们认为我们决定了的东西已经是最好的了，但是一旦到了实际应用中，你就会发现它其实什么都不是。对你来说这是一个科学实验，因此，如果发生了灾难性的结果，那就使用跟踪和度量找出原因，再试一次。

博客

你 应该按照本部分开头所讲的，写好了自己的流程主题，列出了你的流程步骤，我一切准备就绪了。首先，我们将创建一个名为 blog 的全新工具，把它作为本部分其余各个习题的热身。

你应该慢慢创建这个项目，不要急于求成。我们的目标不是成为一名快速的程序员。最好的方法是一开始有条不紊，然后熟能生巧，直到一切成为自己的本能。如果你总是赶着做事情，那么你的结果就会比较马虎。

手边准备好笔记本，随时跟踪记录有关你工作的状况和指标。你正在尝试找出一个适合你的流程，作为你以后的工作方法。并不是所有方法都一直管用，这就是我会教你各种不同的工作方法和策略的原因。如果你完成了这个项目，感觉哪里不对劲儿，那么你的笔记将帮助你找出原因。然后，在下一个项目中改变工作方式，看看结果是否更好。

习题挑战

我给你的任务是编写一个名为 blog 的简单命令行博客工具。这是一个非常有创意的项目，连名字都非常有创意。博客是很多程序员早期练手的第一个项目，你的项目将在本地生成博客，然后使用另一个叫作 rsync 的工具将其发送到服务器。以下是本习题的要求。

1. 如果你不知道什么是博客，那么你应该开一个博客并尝试使用一段时间。有很多博客平台，但你可能喜欢 WordPress 或 Tumblr。只需使用它一小段时间，并记下你想要复制的功能。

2. 你将要学习如何使用模板系统来设置 HTML 页面的样式。我建议你使用 Mako 或 Jinja 模板系统。这些系统允许你制作模板 HTML 文件，然后你可以根据用户放置在目录中的文本文件，将实际内容放入模板 HTML 文件中。

3. 你需要使用 Markdown 作为你的博客格式，所以你要为项目安装 markdown 这个库。

4. 你的博客将是一个静态文件博客，所以你需要使用 python -m SimpleHTTPServer 8000 命令，该指令在 SimpleHTTPServer 文档中有演示。它会把你的文件从本地转储目录伺服给浏览器。

5. 你需要一个叫作 blog 的命令行工具来处理某个人的博客。

6. 动手之前，考虑一下 blog 工具必须做的所有事情，然后设计所需的所有命令及其参数。然后查看 docopt 项目，用它实现这些命令。

7. 你应该使用 mock 来模拟所有需要测试的内容，尤其是你的错误条件。看看本习题的视频，视频里边演示了如何使用 mock。

除了这些，你可以任意开发这个 blog 工具。发挥你的创意，只要最后能创建博客，你就可以将其放在服务器上给别人看了。

最后，我在网上发布博客用的是 rsync 这个命令：

```
rsync -azv dist/* myserver.com:/var/www/myblog/
```

这个话题可能比较高级，但这是一个学习如何伺服静态文件的好时机。后面还有一个巩固练习，里边讨论了如何使用 Amazon S3 来实现这一目标。

巩固练习

1. 把静态文件放到自己服务器上是不错，但如果你的 blog 工具可以在 Amazon S3 上工作岂不是更棒？有一个叫作 Boto3 的项目，它可以为你提供让你的 blog 工具做到这一点所需的一切。

2. 写一个 blog serve 命令，让它使用 SimpleHTTPServer 来直接伺服博客，而非像之前一样还需要分开生成博客。

bc

你 应该已经热身好，可以开展这个新项目了。我通常会假设你能在一到两天内完成这些项目，每天两到三小时，多花一些时间也没问题。

在这个项目里，你要使用你在第五部分学到的东西，为 bc 程序创建编程语言。我们已经在习题 36 中为 bc 实现了简单的数学运算，但现在你将尽可能多地实现 bc 语言。bc 支持很多运算符，还支持函数和控制结构。你的目标是使用递归下降解析器知识，分阶段实现这门语言。

如果是我，我会重点关注分阶段构建解析器的部分，先是扫描，然后是解析，再后是分析，最后使用 bc 示例代码来测试它。这个项目可能非常庞大，因为你要手动实现一种语言，尽可能多地实现语法就可以了。

习题挑战

bc 语言能够做的不仅仅是处理数学运算。虽然超过基本数学的东西我几乎从来都用不到，但是完整的 bc 语言其实相当强大。你可以定义函数，使用 if 语句，可以实现许多其他常见的编程结构。你不大可能实现整个 bc 语言，因为它太大了。你只需要实现以下内容：

1. 所有的数学运算符；

2. 变量；

3. 函数；

4. if 语句。

这实际上是你应该实现该语言的顺序。首先，让运算符能正常工作和被解析。你可以随意使用你在习题 35 中创建的简单实现。完成这部分后再实现变量，这将要求你能使用分析器正确地处理变量的存储和检索。最后你可以实现函数以及 if 语句。

你需要挖掘 GNU 版本的 bc 文档，它对语言有一个很好的完整描述，可以帮你实现它。这门语言没有什么神奇之处，因为它们大多数都是从 C 语言中复制的，而且许多其他语言也与它类似。

要完成这个挑战，你可以多花点儿时间并逐步进行。实现一种语言的美妙之处在于，你可以按照从扫描到解析再到分析的逻辑顺序来实现它，而不需要在 3 个阶段之间进行太多的反复。

最后，要记住，你正在实现一个递归下降解析器，老实说，它只是一个真正的计算机科学中的解析器的"婴儿版"。如果你打算做真正的解析工作，那么请使用解析器生成器，而不是手动编写。手动编写只是一个有趣的挑战，也是一种学习解析器的方法，它能让你能看到文本是怎样被结构化处理的。

巩固练习

要学习 bc 语言，你应该去下载它的源代码，看看里边的 bc.y、sbc.y 和 scan.l。也许挺难看懂的，那你就去研究一下 lex 和 yacc 这两个工具。

习题 48

ed

如果你的流程很顺利，那么你应该能够花几周时间，一次完成一个大项目。在这个项目中，你的目标是尽可能地创建 ed 命令的最准确的"忠实"副本。本习题的目标是不要有创意，是要做出另一个软件的"精确"副本。将此视为软件"仿制"的锻炼。你想要写出一个特别好的东西，把它放在原来的 ed 位置，没有人会知道你偷梁换柱了。

本习题将尽可能准确地创建 ed 命令的原版副本，这意味着，如果针对真正的 ed 和你的版本运行测试套件，它们的输出结果应该是一样的。这和你在学习算法时所做的原版副本练习类似，只不过你需要复制现有软件的行为，而不是试图记住它。这个过程很类似，但你可以使用测试套件帮你快速完成检查。

习题挑战

ed 工具是现存最早的 Unix 文本编辑器之一，坦率地说它很糟糕。我实际上无法想象有人会使用 ed 来编辑文本，因为它是现存的对用户最不友好的软件之一。如果你无法想象计算机操作在过去的 Unix 时代有多糟糕，那么伪造一份 ed 命令将会让你切身体验一把。

关于 ed 你需要知道，虽然它确实支持脚本，但它最初是以交互方式使用的。它就像是文本文件的 MUD 游戏。首先你要运行 ed，然后它以命令模式启动，然后你可以使用命令修改文本。当你执行需要输入的命令时，它将进入输入模式，直到该命令结束。你还必须知道要编辑的行的地址。这似乎是一种煎熬，但与当时的其他文本编辑器相比，它就像独角兽的魔角那样强大。

要完成自己的 ed 副本，你需要在很大程度上依赖 Python 的 re 库来实现你的正则表达式。我们在习题 31 中使用过这个库，所以你应该已经熟悉它以及一般的正则表达式知识了。

我还建议你尝试在一个 45 分钟的时间段中使用 ed，为你的 ed 项目编写一些代码。这个痛苦的过程将教会你如何复制它的功能。

除此之外，你还需要阅读 ed 的手册页以获取该命令的基础知识，你也可以看看关于它的教程。一个好的开始是找到网上的不同示例脚本，并尝试将它们作为你一开始的测试用例。

警告　我给你提供一个线索吧，你将需要使用有限状态机来处理 ed 命令的模态性质。

巩固练习

1. 找到 GNU ed 的源代码看看，不懂 C 也可以看。

2. 把你的 ed 实现写成一个模块，这样你就可以在别的项目中使用了。后面的习题中你还会用到它。

3. 再也别写这样的软件了，除非你实在是无聊。

sed

在习题 9 里，当你学习怎样快速编写代码时，你便实现了 sed 的 "婴儿版"。在本习题中，你将尝试一个完全忠实的命令副本。在习题 48 的巩固练习中，你的任务是从 ed 实现创建一个模块。如果你还没有做，那么你需要完成它，因为你运行 sed 命令的时候需要用到它。

你的流程运行得怎样？你有没有发现它能帮你完成这些较长的项目？你觉得需要做出一些改变吗？你是否一直在收集测量指标，或者你觉得已经没必要收集了？开始本习题之前，花点儿时间看看你的日志，看看你从开始这本书以来改进了多少。

本习题的挑战是从习题 48 中的 ed 项目里把代码拿来，并在本习题的项目中复用它。"可复用性"的概念是软件工作的核心，但很多时候项目中的复用计划会导致灾难。通常人们设计软件的时候，会希望每个组件都可以在其他软件中使用，但这样做只会使设计过于复杂，然而期望中的复用后来也很可能没有发生。最好的方式是制作一个独立的软件，然后在你开始另一个项目的时候，把可以复用的部分从前一个项目中拉取出来。

我在编写软件时，通常完全不关心可复用性。我不在乎项目的某些部分是否会用于其他项目。我只关心这一款软件是否运行良好，质量高不高。当我开始一个新项目时，我会去看看我写的其他东西，看看是否有什么东西可以复用。如果有能复用的东西，我就会花一些时间，把它从旧的项目中拉取出来做成模块。我的复用过程如下。

1. 实现一个完整工作的高质量软件，里边包含自动化测试，而不在乎里边哪部分可能会被别的软件复用。

2. 开始一个新项目，它可能需要复用别的项目的代码。

3. 回到第一个项目中，把代码拉取出来做成一个独立的模块，让第一个项目使用这个模块，别的什么都不要改动。

4. 在换了模块后，如果原来的自动化测试都通过了，就在新项目中使用这个模块。

5. 在新项目中使用这个模块的时候可能会发现这个模块有需要改动的地方，修改以后要确认原始软件是否也能正常工作。

如果没有自动化测试，你就无法做到这一点，所以如果你的 ed 项目没有测试，我就会怀疑你有没有好好读这本书。你需要回去确认你的 ed 项目有着完整的测试覆盖。

习题挑战

首先，你需要拉取出 ed 项目中命令处理的部分，并将其作为模块给 ed 使用，这个过程不要破坏测试。老实说，这会是这个项目中最困难的部分之一，因为 sed 用的基本就是这些东西，但是没有 ed 的交互界面的模态性质。

接下来，你可以从习题 9 中取出旧代码，整理一下，也可以从头开始这个新项目。一旦你做出决定，你将首先使用 ed 模块实现尽可能多的 sed 功能。本习题的创造性在于你需要决定两个项目中哪些部分可以公用，然后将其放入模块中。

你的目标是制作一个"精确而忠实"的 sed 命令副本。本部分的习题不需要创造力，尽量做到细致，使用自动化测试来确认你的命令和原来的 sed 是一样的。

最后，当你使用 sed 时，你会发现模块中需要的内容。你需要对模块进行更改，让它们在 sed 中工作，然后返回 ed 并让它在那里工作。这将在 3 个项目之间来回切换，这个过程会是一个挑战，所以我建议你保持你的 45 分钟时间段要求，这样你就不会在工作切换的过程中耗尽精力。

巩固练习

当你写模块的时候，有没有发现一些编码习惯会导致代码很难分离出来，都是些什么习惯？

vi

这个习题可能会让我坐牢的。你有一个模块，它实现了 ed 和 sed 中使用的功能。显然，下一步是实现世上最可憎但最有用的文本编辑器 vi 了。如果你了解 Lisp，就可以实现 Emacs，但没有人有时间创建一个假装成文本编辑器的全新操作系统。生命太短暂，不能全浪费在成天按着 3 个键敲制表符上面。

本习题的目的不是做一个完全准确的 vi 副本。那会是一个非常大的项目，但如果你想尝试它，那就去做吧。你在这个项目中的目标是再一次复用你的 ed 模块，并使用 Python 的 curses 模块。curses 模块允许你进行老式文本终端的窗口和图形操作。实际上"图形"应该是带引号的，因为 curses 中的实际图形非常少。

你将使用 curses 创建一个"婴儿版"的 vi 实现，它允许你打开文件，使用你的模块运行 ed 和 sed 命令，并使用 curses 将它们显示到终端屏幕。你还会发现尝试自动化测试非常困难。如果你能弄清楚如何做一个虚假的 curses 测试框架，你会获得额外的加分，但这需要使用 Unix pty 系统的一些神奇魔法（我认为是这样）。

使 vi 变得可测试的更好方法，是尽可能多地将你的 vi 放入 Python 模块中，这样你就可以测试代码而无须运行 curses 屏幕系统。当我说"模块"时，我并不是指一个完全做好的 Python 模块，就像你使用 ed 模块一样，使用 pip 进行安装。我的意思是直接使用 vi 代码然后导入你的项目中。

思考这个项目的方法，是将控制视图（curses）的代码与其余代码分开，以便你可以插入自己的假视图进行测试。这样一来就会只剩下少量没测试的功能，你可以通过实际运行 vi 手动测试它们。

习题挑战

我们不会实现所有 vi 的功能。我们需要真正明确这一点，因为实际的 vi 很古旧，而且非常复杂，所以做一个完整的原版副本需要很长时间。你只需要做以下事情。

1. 使用你的 ed 模块。

2. 为 vi 创建一个 curses 的 UI。

3. 让 vi 可以处理多个文件。

同时，你还要去关注的一件事是阅读 curses 文档，了解 curses 是如何工作的，并根据需要编写尽可能多的测试性代码来理解它。

一旦掌握了 curses，你就需要学习如何使用 vi。我在本习题的视频中已经包含了一个 vi 速成课，你还可以参考网上的 vi 文档。我建议你看看我的 vi 教程，并尝试在练习编辑代码期间使用真正的 vi。实际上，在你实现 ed 和 sed 的过程中，你可以很好地理解 vi 是如何工作的。从理论上讲，vi 只是"可视化的 ed"，所以你基本上只是给 ed 一个更好的 UI 而已。

巩固练习

1. 你的 ed 实现中的有限状态机是如何与你在这个 vi 实现中使用的有限状态机匹配的（假设你使用了这种设计）？

2. 做一个非 curses 的 GUI 版本有多难？我不建议你这样做，但也可以去研究一下，看看它需要些什么。

lessweb

我们就要结束本书的学习了，所以在最后两个习题中我将给你一个项目，让你创建一个 Web 服务器。在本习题中，你只需了解 Python http.server 模块，并且知道如何使用它创建简单的 Web 服务器。我会给你一些说明，然后你要阅读文档以了解如何完成任务。这里没有太多的指导，因为到目前为止，你应该能够自己完成大部分工作了。

创建 Web 服务器后，你将编写一组测试以尝试破解你的 Web 服务器。我会在"破坏代码"部分给你一些指导，但是现在你应该有能力轻松找到你编写的代码中的缺陷。

习题挑战

你需要先阅读 Python 3 的 http.server 文档。此外，你还需要阅读 Python 3 的 http.client 文档和 requests 文档。你会使用 requests 或 http.client 来为你创建的 http.server 编写测试。

接下来，你的任务是使用 http.server 创建 Web 服务器，它需要有以下功能。

1. 可以通过配置文件进行配置。

2. 可以持续运行，处理它收到的请求。

3. 伺服配置目录下的文件。

4. 响应网站请求，返回正确内容。

5. 将所有请求记录到日志文件中供以后阅读。

如果你阅读了文档中的示例，你可能会以基本的方式实现大多数功能。本习题的一部分内容是如何破解一个简单的 Web 服务器，所以你只要让它刚好工作起来就好，然后我们将转到下一部分。

破坏代码

你在本节中的工作是以任意方式攻击你的 Web 服务器。你可以从 OWASP 缺陷排行榜前十名（OWASP Top 10 Vulnerabilities）列表开始，然后继续进行其他常见攻击。你还需要阅读 Python 3 的 os 模块文档来实现一些修复。下面是一些我认为你一定会犯的错误。

1. 不必要的目录遍历。你可能会从 URL（/some/file/index.html）获取基本路径然后按要求打开它。也许你在操作系统上添加的是文件的完整路径（/Users/zed/web/some/file/index.html），并认为这样就可以了。尝试使用..路径说明符访问此目录以外的文件。如果你可以请求/../../../../../../../../etc/passwd，那么你就赢了。试着解释为什么会发生这种情况，以及你可以做些什么来修正它。

2. 不处理不需要的请求。你很可能会只处理 GET 和 POST，但如果有人发了 HEAD 或 OPTIONS 会怎么样？

3. 发送一个巨大的 HTTP 首部。看看你是否可以通过向 Python http.server 发送一个非常大的 HTTP 请求首部来使它崩溃或变慢。

4. 请求未知域时不抛出错误。有的服务器在无法识别域时，会伺服一个"随机"网站，有人认为这是一个功能（Nginx）。你的服务器应该只是白名单，如果它不能识别域，那就应该给出 404 错误。

这些只是人们犯的一些小错误。尽可能多地研究一下其他错误，然后为你的服务器编写自动化测试，在修复它们之前先演示错误。如果你在服务器中找不到任何这样的错误，那就故意制造错误。学习这些错误是如何产生的，这也会让你受益匪浅。

巩固练习

1. 阅读 os.chroot 函数的文档，它在 Python 3 的 os 文档中。

2. 研究一下如何使用这个函数以及别的 os 模块函数来造出一个 "chroot jail"。

3. 尽可能多地使用 os 以及你可以找到的任何模块中的函数，重写你的服务器以正确处理 chroot jail，并将权限下放给安全用户（而非 root）。在 Windows 上这可能非常困难，所以要么在 Linux 计算机上试试，要么就跳过这一习题。

moreweb

现在你已经使用 Python 的 `http.server` 库创建了一个 Web 服务器，接下来可以转到最后一个项目了。你将使用到目前为止学到的所有东西，从无到有地创建自己的 Web 服务器。在习题 51 中，你基于 `http.server` 模块完成了大部分处理，但还没有进行任何网络连接处理或 HTTP 协议解析。在最后这个习题中，你将实现所有需要的东西，复制出 `http.server` 为你的 `lessweb` 服务器所做的各种行为。

习题挑战

要完成本习题，你需要阅读 Python 3 的 `asyncio` 模块。该库为你提供了处理套接字请求、创建服务器、等待信号的工具，以及你需要的大多数其他工具。如果你想要进行额外的挑战，那么你可以使用 Python 3 的 `select` 模块，该模块提供更低层的套接字处理。你应该使用此文档来创建一系列小型套接字服务器和客户端。

了解了如何创建通过 TCP/IP 套接字进行通信的服务器和客户端之后，你就可以处理 HTTP 请求了。由于 HTTP 标准很疯狂，而且是没必要的复杂，因此项目的这一部分将很艰巨。我将从你可以设计出来的最简单的 HTTP 解析库开始，然后使用越来越多的示例对其进行扩展。你需要从 RFC 7230 开始，不过你要准备好体验最糟糕的人类写作。

研究 RFC 7230 的最佳方法是先提取 Collected ABNF 附录中列出的所有文法。乍一看这似乎很疯狂，因为这只是一个巨大的文法规范。实际上，你在本书的第五部分中已经学会了如何阅读这些内容，只不过规模较小而已。你知道正则表达式、扫描器和解析器的工作方式，以及阅读这样的文法的方法。你需要做的就是研究这个文法，并一次实现一小部分。实现的时候，可以完全忽略所有的"块"（chunk）文法。

在学习了这种文法之后，你就可以使用已经创建的东西，开始编写 HTTP 解析器。使用你的数据结构、解析工具以及所有别的东西，创建一个可用的解析器，让它能涵盖 HTTP 的一个小子集。尝试尽可能多地实现文法。为了帮助你，在本书网上资源中的 http_tests.zip 中有一组测试文件，里边包含了各种有效的 HTTP 请求。你可以下载这组测试用例，并通过你的解析器运行它们，以确认它们是否有效。很多测试用例是我从这个很棒的 And-HTTP 服务器项目中提取出来的，我用更基础的例子对它们进行了扩充。你的目标是尽可能多地让这些测试通过。

最后，等你有办法编写一个像样的 `asyncio` 或 `select` 套接字服务器，实现了解析 HTTP 的方法时，你就可以把它们放在一起，制作出你的第一个正常运行的 Web 服务器。

破坏代码

当然，你应该试着破坏这个 Web 服务器，但同时你也应该去尝试不同的东西。你已经为 HTTP 编写了一个解析器，它使用了 RDP 样式的解析器，并试图以最合理的方式处理有效的 HTTP。你的解析器很可能会阻止许多错误的 HTTP 请求，找一些过去的攻击，在你的 Web 服务器上试一下。有几个提供黑客自动化工具的网站，找一个并指向你的服务器。不过要确保安全，确保你只运行信誉良好的测试工具，并且仅在你自己的服务器上运行。

进一步研究

如果你想完全理解 Web 服务器和技术，那么你可以使用你的 `moreweb` 服务器来创建 Web 框架。我建议先创建一个网站，然后提取你创建 Web 框架需要的模式。此类框架的目标是封装你的使用模式，以便可以简化你做的 Web 应用程序。与 `lessweb` 和 `moreweb` 习题一样，你的目标也应该是研究、实现，然后对 Web 框架进行常见的攻击测试。

如果你想深入了解 TCP/IP，我推荐 Jon C. Snader 的 *Effective TCP/IP Programming*（Addison-Wesley，2000）。这本书是用 C 语言编写的，它相当于 *Learn TCP/IP the Hard Way*，里边涵盖了 44 个主题，提供了简单的代码，让你能了解基本的 TCP/IP 是如何工作的。TCP/IP 是从 C 语言诞生的，用其他编程语言处理套接字连接看起来会有点儿奇怪，等你知道 C 语言是如何做到的就理解了。通过学习这本书，你会掌握套接字服务器工作方式的基础知识。这本书唯一的缺点是有点儿过时，因此，里边的代码应该能用，但它不会是最现代的代码。